数字摄影测量

主编　居向明
参编　武同元　陈　秋　王玉峰
主审　黄书科

机 械 工 业 出 版 社

本书系统阐述了摄影测量的基础理论，并依据海道测量岗位工作流程，合理设置了适用于教学的数字摄影测量岗位工作任务。本书分摄影测量基础和数字摄影测量两大模块。其中，摄影测量基础部分包括绪论、单张像片解析、立体像对解析、空中三角测量、像片判读与调绘；数字摄影测量部分包括数字摄影测量产品生成、无人机摄影测量两部分。数字摄影测量产品生成包括数字摄影测量概述、模型定向、数字高程模型生成、数字正射影像生成、数字线划图生成、数字栅格影像图生成。无人机摄影测量包括无人机摄影测量概述、无人机摄影测量数据采集、无人机摄影测量数据处理。

本书可作为大专院校海道测量专业教学用书，也可供从事海道测量专业的技术人员、管理人员等参考。

图书在版编目（CIP）数据

数字摄影测量/居向明主编. —北京：机械工业出版社，2023.12
ISBN 978-7-111-74549-5

Ⅰ.①数… Ⅱ.①居… Ⅲ.①数字摄影测量 Ⅳ.①P231.5

中国国家版本馆 CIP 数据核字（2024）第 022381 号

机械工业出版社（北京市百万庄大街 22 号　邮政编码 100037）
策划编辑：侯宪国　　　　　　责任编辑：侯宪国　高凤春
责任校对：王荣庆　王　延　　封面设计：马精明
责任印制：张　博
北京雁林吉兆印刷有限公司印刷
2024 年 4 月第 1 版第 1 次印刷
184mm×260mm · 13.75 印张 · 334 千字
标准书号：ISBN 978-7-111-74549-5
定价：49.80 元

电话服务　　　　　　　　　　网络服务
客服电话：010-88361066　　　机 工 官 网：www.cmpbook.com
　　　　　010-88379833　　　机 工 官 博：weibo.com/cmp1952
　　　　　010-68326294　　　金 书 网：www.golden-book.com
封底无防伪标均为盗版　　机工教育服务网：www.cmpedu.com

前　言

　　《数字摄影测量》是海道测量专业的岗位任务课程。为适应学校教学改革需要，编者依据海道测量专业人才培养方案，结合海道测量的工作实际，编写了本书。

　　本书在内容选择上，针对海道测量各个岗位的人员，大多对数字摄影测量不甚了解的实际，设置了摄影测量基础教学模块，系统介绍单张像片解析、立体像对解析、空中三角测量、像片判读与调绘等基础理论，突出了本书的基础性；同时为突出实操技能培养的特点，设置了数字摄影测量教学模块，严格按照岗位工作流程设置学习内容，能够较好地满足岗位任职需要，突出了本书的实用性；另外，根据无人机摄影测量在各行各业中应用越来越广泛，结合海道测量岗位对无人机摄影测量技术的迫切需要的现实情况，在数字摄影测量教学模块中设置了无人机摄影测量部分，较好地满足了海道测量岗位对先进技术的需求，突出了本书的先进性。

　　本书由居向明主编，黄书科主审，陈秋、王玉峰分别编写了摄影测量基础部分中的第四章、第五章，武同元编写了第七章无人机摄影测量中的第一节和第二节两个部分，其余部分由居向明编写并统稿。

　　由于编者的水平有限，书中难免有不足之处，恳请读者批评指正，以便进一步改正。

编　者

二维码清单

名称	二维码	名称	二维码
无人机作业教学		生成 DEM + DOM 教学视频 2	
快拼图制作视频		生成 DEM + DOM 教学视频 3	
空三制作教学视频 1		生成 DLG+整饰出版教学视频 1	
空三制作教学视频 2		生成 DLG+整饰出版教学视频 2	
生成 DEM + DOM 教学视频 1		生成 DLG+整饰出版教学视频 3	

目　录

下篇　数字摄影测量

上　篇
摄影测量基础

第一章

绪　论

摄影测量是利用非接触传感器系统获得的影像及其数字表达进行记录、量测和解译，从而获得自然物体和环境信息的一门工艺、科学和技术。海岸带摄影测量是摄影测量技术在海岸带及岛礁区域的应用拓展。鉴于海岸带摄影测量过程与一般摄影测量一样，本章在简要介绍摄影测量的同时，兼顾介绍海岸带的概念、海岸带摄影测量的意义。

第一节　摄影测量概述

一、摄影测量的任务

摄影测量的主要任务是测制各种比例尺地形图、建立地形数据库，并为各种地理信息系统和土地信息系统提供基础数据。因此，摄影测量学在理论、方法和仪器设备方面的发展都受到地形测量、地图制图、数字测图、测量数据库和地理信息系统的影响。

摄影测量的主要特点是对影像或像片进行量测和解译，无须接触被研究物体本身，因而很少受自然条件和地理条件的限制。像片及其他各种类型影像均是客观物体或目标的瞬间真实反映，人们可以从中获取所研究物体的几何信息和物理信息。

摄影测量按摄影距离的远近可分为航空摄影测量、航天摄影测量、地面摄影测量、近景摄影测量和显微摄影测量。若按其目的，摄影测量可分为地形摄影测量与非地形摄影测量。地形摄影测量主要用于测绘国家基本地形图、工程勘察设计和城镇、农业、林业、地质、水电、铁路、交通等部门的规划与资源调查用图或建立相应的数据库。非地形摄影测量是将摄影测量直接用于工业、建筑、考古、变形观测、公安侦破、事故调查、军事侦察、弹道轨迹、爆破、矿山工程以及生物和医学等各个方面的一门技术科学。若按技术处理方法，摄影测量又可分为模拟摄影测量、解析摄影测量和数字摄影测量。当代的数字摄影测量是传统摄影测量与计算机视觉相结合的产物，它研究的重点是从数字影像自动提取所摄对象的空间信息。

二、摄影测量的发展

从 19 世纪中叶至今，摄影测量的创立与发展，经历了百余年的历史。从摄影测量技术的发展脉络看，摄影测量的发展可以划分为三个主要阶段，即模拟摄影测量、解析摄影测量和数字摄影测量。

模拟摄影测量是用光学机械的方法模拟摄影的几何模式，通过对航空摄影过程的几何反转，由像片重建一个缩小的所摄物体的几何模型，对几何模型进行量测得到所需图形，如地形图等。在模拟测图过程中，单像摄影测量又具体化为航测综合法，立体摄影测量具体化为航测全能法和航测分工法。航测综合法的基本含义是由内业（室内作业）利用单张像片确定地面点的平面位置，由外业确定地面点的高程和测图等高线，并进行地形调绘，该方法适用于平坦地区，目前仍在使用。航测全能法和航测分工法都是利用立体像对由内业测定地面点的平面位置和高程，区别在于全能法是同时测量平面位置和高程，理论严格，分工法则是分别测量平面位置和高程，理论上不严格。故全能法适用于高山区、山区、丘陵和平原地区测图。但随着仪器和作业方法的改进，航测全能法和航测分工法无明显差异，仅在理论和适用地区略有不同。

解析摄影测量是伴随电子计算机的出现而发展起来的一种测图方法。该方法始于 20 世纪 50 年代，完成于 20 世纪 80 年代。解析摄影测量是依据像点与相应地面点间的数学关系，用电子计算机解算点与相应地面点的坐标和进行测图解算的技术。在解析摄影测量中利用少量的野外控制点加密测图用的控制点或其他用途的更加密集的控制点的工作称为解析空中三角测量。由于是利用计算机实施解算和控制进行测图，故称为解析测图。相应的仪器系统称为解析测图仪。解析空中三角测量俗称电算加密，电算加密和解析测图仪的出现，是摄影测量进入解析摄影测量阶段的重要标志。解析测图过程中，解析测图仪由一台精密（或立体）坐标量测仪、计算机接口设备、绘图仪、计算机软件系统等组成。像片安置在像片盘上，按相应的计算公式进行解析相对定向、解析绝对定向等，求解建立模型的各种元素后，存储在计算机中。测图时，软件自动计算模型点对应的左、右像片上同名像点坐标，并通过伺服系统自动推动左、右像片盘和左、右测标运动，使测标切准模型点，从而满足共线方程，进行立体测图。这种方法精度高，且不受模拟法的某些限制，适用于各种摄影资料、各种比例尺测图任务，其产品首先以数字形式存储在计算机中，可直接提供数字形式的地理基础信息。

数字摄影测量的发展起源于摄影测量自动化的实践，即利用影像相关技术代替双眼观测，实现真正的自动化测图。这是摄影测量工作者几代人追求的理想和目标。1930 年，有人提出摄影测量自动化的专利申请。1950 年，由美国工程兵研究发展实验室与博士伦（Bausch and Lomb）光学仪器公司合作研制了第一台自动化摄影测量测图仪。当时是将像片上灰度的变化转换成电信号，利用电子技术实现自动化。这种努力经过许多年的发展历程，先后在光学投影型、机械型或解析型仪器上实施，例如 B8-stereomat、Topocart。与此同时，摄影测量工作者将影像灰度转换成的电信号再转变成数字信号（即数字影像），然后由计算机实现摄影测量的自动化过程。20 世纪 60 年代初，美国研制成功的 DAMC 系统就属于这种全数字的自动化测图系统。它采用威特（Wild）厂生产的 STK-1 精密立体坐标仪进行影像数字化，然后用一台 IBM7094 型电子计算机实现摄影测量自动化。由于现代计算机以高速数据处理见长，摄影测量走上了数字自动化的道路，即采用数字方式实现摄影测量自动化。可以说，数字摄影测量是摄影测量自动化的必然产物和必由之路。

随着数字图像处理、模式识别、人工智能、人工神经元网络和计算机视觉等学科的不断发展，以及计算机性能的快速提高，数字摄影测量的内涵已远超传统摄影测量的范围，其被公认为摄影测量的第三个发展阶段。数字摄影测量与模拟、解析摄影测量的最大区别在于：它处理的原始信息不仅可以是像片，更主要的还是数字影像（如 CCD 影像）或数字化影像；它最终是以计算机视觉代替人眼的立体观测。数字摄影测量是目前生产中的主要方法。

三、航空摄影测量的简要过程

航空摄影测量的作业过程主要为航空摄影、航测外业和航测内业。

1. 航空摄影

航空摄影即在专用飞机上安装航空摄影机，通过对地面的连续摄影，获取所摄地区的原始航摄资料或信息。它主要为航测提供基本的测图资料——航摄像片（或影像信息）以及一些摄影数据等。

2. 航测外业

航测外业主要包括像片控制测量和像片调绘两项内容。它是为了保证航测内业加密或测图的需要在野外实地进行的航测工作。

（1）像片控制测量　像片控制测量是指在少量大地点或其他基础控制点的基础上，按照航测内业的需要，在航摄像片规定位置上选取一定数量的点位，利用地形测量等方法测定出这些点的平面坐标和高程的工作。

（2）像片调绘　像片调绘是指利用航摄像片所提供的影像特征，对照实地进行识别、调查和做必要的注记，并按照规定的取舍原则和图式符号表示在航片上的工作。

（3）像片图测图　像片图测图是指根据外业测定的一定数量的像片控制点，经内业加密、纠正，制作出符合成图比例尺的正射影像图，然后以此图作为图底直接在外业进行地貌测绘、地物补测和调绘。

3. 航测内业

航测内业是指在室内依据航测外业等成果，利用一定的航测仪器和方法所完成的航测工作。航测内业主要包括控制点加密（即电算加密或解析空中三角测量）、像片纠正和立体测图三项工作。

（1）控制点加密　为了满足内业测图或制作像片平面图的需要，像片上必须确定一定数量的已知控制点（定向点或纠正点）。这些点若仅凭外业来解决，或数量不够，或将增加外业工作量。目前该项工作在航测内业中主要采用解析空中三角测量的方法解决。

（2）像片纠正　像片纠正是为了消除航摄像片与正射影像之间的差异，以满足像片图测图及利用像片制作正射影像图的需要而进行的航测内业工作。

（3）立体测图　立体测图是航测成图的主要方法，被生产单位广泛使用。目前主要利用全数字摄影测量系统进行立体测图。

4. 测绘产品

航空摄影测量可以根据客户以及用图单位的需要，生产出各种各样的测绘产品，如常见的 4D 产品，即：数字高程模型（Digital Elevation Model，DEM）、数字线划地图（Digital Line Graph，DLG）、数字栅格地图（Digital Raster Graph，DRG）、数字正射影像图（Digital Orthophoto Map，DOM），以及立体景观图、立体透视图、各种工程设计所需的三维信息、各种信息系统和数据库所需的空间信息等测绘产品。

第二节　海岸带及其摄影测量的意义

一、海岸带

海岸带是海洋和陆地的交接地带，是海岸线向海、陆两侧扩展一定宽度的带状区域，由彼此相互强烈影响的近岸海域和滨海陆地组成。

对于海岸带范围的界定，世界各国还很不统一。一般的意见是：近岸海域指海岸线以下至明显受潮汐和波浪作用影响的水下岸坡，包括潮间带和潮下带。有的还明确指出至水深相当 1/3~1/2 当地坡长的地方。滨海陆地指海岸线以上到古今海水动力作用的最高处，即与海岸的含义一致。

我国测绘界现在采用的海岸带概念为：海洋与陆地的接壤部分称为海岸带。海岸带由沿岸地带、潮浸地带及浅海地带所组成。随着人类对海岸带的认识不断加深，海岸带的定义范围不断扩展，除上述沿岸地带、潮浸地带及浅海地带外，还应包括岛屿、河口和海港。

海岸带是海、陆的交界带，海、陆交通的转换处临海国家的海防前哨，人类向海洋进军的出发地。海岸带也是人类活动频繁、经济发展迅速的区域，是地形图需求量大、更新频繁的地带。海岸带的地形图是以反映海岸带范围内自然和人工的地形要素为主的地图，既要求反映海岸线以上的陆地信息，又要求反映海岸线以下的海底信息。

二、海岸带摄影测量的意义

海岸带地形图往往是测量薄弱的区域。针对海岸附近信息，陆地测量只负责岸线以上部分地形要素的确定，而岸线以下部分，由海洋测量完成。在海洋测量中，侧重测量岸线以下滩涂部分以及海域水深，为海图与陆图拼接而向陆地延伸部分测量区域。在岸线附近区域（包括陆地、滩涂和水域）往往因测量方式不同、测量基准不同和侧重点不同而造成信息取舍缺乏完备性和统一性。因此，岸线附近为陆地测量和海洋测量连接环节，同时也是一个薄弱环节。

另外，海岸地形测量通常采用地面测量方式，效率较低。目前，我国沿岸 1：10000 比例尺地形图有 2000 多幅，仅依赖地面测量完成测图任务需要时间较长，难以满足地图的现势性需要。将航空摄影测量应用于海岸地形测量，可弥补地面测量的不足，缩短成图周期，较快地建立海岸带信息数据库。

我国于 20 世纪 90 年代由天津海洋测绘研究所研究了海岸地形航空摄影测量技术，并首次利用航空摄影测量的方法测制出 6 幅 1：10000 海岸带地形图的实验样图，解决海图与地形图的不一致性问题，并探讨了现代海岸带地形图的表示内容和方法。2000 年以来，我国实施了北部湾沿岸等地区的航空摄影测量，并测制了 1：250000 海岸带地形图。2009 年以来，借助 ADS40 等航空数字摄影测量系统开展海岸带地形测量，并逐步将这些技术装备海洋测绘单位，形成生产力。

随着空间技术的发展，海道测量技术也不断发展变化，已经由单纯的地面（海面）测量向空间测量模式方向拓展。航空摄影海岸地形甚至浅水区域水深等，都为海道测量提供了新的技术手段和丰富的数据资料。海岸地形航空摄影测量已经成为海道测量内容的一部分。

第三节　航空摄影的工作环节及要求

航空摄影是指将专用的照相机（即航摄仪）安装在飞机上，按照预定的技术要求从空中对地面进行的摄影。航空摄影后所获得的指定地区的航摄像片，是航测成图重要的基础资料。

一、航摄仪

航摄仪又称航空摄影机，是航摄摄影的主要仪器。图 1-1 是航摄仪的一般结构。

航摄仪与普通相机的主要区别之一是在其物镜的焦平面上（即镜箱与暗盒的衔接处）设置有贴附框，贴附框每边的中点各设有一个框标，称为机械框标。有的航摄仪除了有上述机械框标外，在贴附框的 4 个角隅还各设有一个光学框标，如图 1-2 所示。

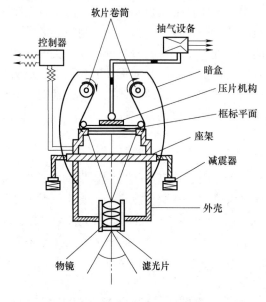

图 1-1　航摄仪的一般结构

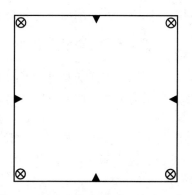

图 1-2　航摄仪框标标志

航摄仪的镜头主光轴与像片平面的垂直交点称为像主点，它与相对两框标连线的交点是一致的。由于摄影曝光时机械框标与光学框标都与地物同时构像在航摄胶片上，因此，在航摄像片上，根据相对的两个框标连线的交点，即可确定像片的中心位置（即像主点）。框标是航测中建立像平面坐标系，进行像点坐标量测以及对像片进行变形改正的重要依据。

此外，与普通摄影的不同之处还有航摄仪常使用主距的概念。所谓主距是指像平面到物镜后主平面之间的距离。这是因为航摄仪像平面的位置在工厂安装时已做了定焦调整，能保证影像的清晰和几何位置的精度，并把像平面固定下来，所以航摄仪的主距实际就是固定的像距。它与物镜的焦距是两个不同的概念。但对航空摄影而言，由于摄影时其物距远远大于像距，因此实际上航摄仪的主距与物镜的焦距值相差很小。另外，摄影时航摄仪镜头中心到某一地面的垂直距离称为航高。航高有绝对航高和相对航高之分：绝对航高是指航摄仪镜头中心到大地水准面的垂直距离，相对航高是指航摄仪镜头中心到某一基准面的垂直距离。

随着计算机技术和信息技术的飞速发展以及社会对数字产品需求的日益增加，航空摄影测量与遥感技术也发生着显著的变化，常规的航空光学胶片摄影已发展为现在的高精度数字航空摄影。

二、航空摄影的主要工作环节

1. 航摄协议书的拟订

航摄协议书应由用户拟订，其内容主要包括以下几个方面：

（1）划定需航摄的具体区域范围 根据计划测图的范围和图幅数，按图幅分幅方法用经纬度或图号在计划图上标示出所需航摄的区域范围，或直接标示在小比例尺的地形图上。

（2）规定航摄比例尺 在确定航摄比例尺时，满足成图精度要求往往和提高经济效益之间存在着一定的矛盾。若航摄比例尺大，则点位的刺点精度和量测精度就高，同时也利于像片的判读、调绘，但航线数和像片数必然增多，摄影工作量大，经济效益降低；反之，若航摄比例尺较小，则对提高经济效益有利，但测图精度有时较难保证。所以航摄比例尺应根据不同摄区的地形特点，在确保测图精度的前提下，本着有利于缩短成图周期、降低成本、提高测绘综合效益的原则在表 1-1 范围内选择。

表 1-1 航摄比例尺的选择

测图比例尺	航摄比例尺
1：5000	1：10000～1：20000
1：10000	1：20000～1：40000
1：25000	1：25000～1：60000
1：100000	1：60000～1：100000

从表 1-1 中可以看出，一般测绘小比例尺地形图（如 1：100000）时，航摄比例尺应大于测图比例尺；测绘中比例尺地形图（如 1：25000）时，航摄比例尺应略大于或接近测图比例尺；测绘大比例尺地形图时（如 1：10000 或更大），航摄比例尺应小于测图比例尺。

在满足成图精度的条件下，从经济角度考虑一般应选择较小的航摄比例尺。

（3）规定航摄像片应达到的质量要求 这里主要包括参照规范提出的飞行质量和摄影质量的要求。

（4）规定航摄仪类型及焦距、像幅的规格 一般是先确定像幅的规格（目前生产中多采用 23cm×23cm 的像幅），然后再根据像幅大小和有关质量及功能的要求（如测图精度、测图的仪器设备情况、测图的比例尺和测图的方法等）选择航摄仪。目前我国常用的航摄仪有瑞士威特（Wild）厂生产的 RC 系列、德国奥普托（OPton）厂生产的 RMK 型和德国蔡司（Carl zeiss）厂生产的 LMK 型等（所选航摄仪的基本性能不应低于现行规范的要求）。最后再根据摄区的地形特征和成图要求确定合适焦距的镜头。例如，欲减少地物点在像平面上的投影差，一般选择长焦距镜头；平坦地区欲提高高程测量精度，宜选择短焦距镜头；山区为了避免摄影死角，宜选择中等或较长焦距镜头。

（5）规定移交成果的方式、内容和期限　应移交的航摄资料包括：

1）航摄底片。

2）接触晒印的航摄像片（份数按合同规定提供，一般为两套）。

3）像片索引图的底片和像片。

4）航摄成果质量检查记录和航摄鉴定表。

5）航摄仪检定记录和数据。

6）附属仪器记录数据和资料。

7）各种登记表及其他有关资料。

8）移交清单。

以上成果根据双方协议可一次性移交，也可分期分批移交。具体移交日期应有所限定。

（6）规定责任和费用　规定甲、乙双方的责任和费用。

2. 航摄技术计划的制订和实施

当航摄协议书双方签字后，航摄部门应制订出具体的航摄技术计划并实施。

（1）搜集航摄地区的有关资料　搜集测区已有的地形图、控制测量成果、气象资料和其他图件、图表等资料，了解摄区的地形特征、地物种类及分布规律，作为制订航摄技术计划的参考或依据。

（2）划分航摄分区　当航摄区域大、地形起伏多时，应划分成若干个航摄分区（分区的最小范围除 1∶5000 测图不得小于 2 个图幅外，其余不得小于 1 个图幅）。划分时每个分区的高差应尽量小（分区内的地形高差不应大于 1/4 相对航高）；每一分区的边界线应与地形图图幅的图廓线一致；分区划分应考虑加密的要求和外业布设控制点的方便；同一分区内应使用同一架航摄仪摄影。

（3）确定航线方向和敷设航线　航摄一般按东西向直线飞行。特定条件下也可按地形走向做南北向飞行或沿线路、河流、海岸、境界等任意方向飞行。常规摄影航线应与图廓线平行敷设。对于 1∶5000、1∶10000 测图，当 $m_{像}/m_{图}$ 大于 3.3 时，航线应沿图幅中心线敷设。

（4）计算航摄所需的飞行和摄影数据　在航摄中需要计算的飞行和摄影数据主要是绝对航高、摄影航高、像片重叠度、航摄基线、航线间隔距、航摄分区内的航线数、曝光时间间隔和像片数等。

（5）确定航摄的日期和时间　以测制地形图为目的的航摄，其航摄日期和时间的选择一般应避免或减小植被或积雪等的遮盖，并应无云。我国的北方和南方有所差异，总的来说，每年较好的航摄时段为 4 月至 5 月或 8 月至 11 月，一天之内最有利的航摄时间是中午前后的几个小时（此时，地物的阴影最短，地面照度最大）。航摄的日期和时间确定后，飞机按预定计划转至摄区附近的机场，安装好航摄仪并检查各种仪表设备、导航设备，标好领航地图和选择正确的航摄参数。当飞机进入摄区上空时，按已标绘的领航图确定的目标和方向进入第一条航线。到达开始摄影标志时，进行自动连续摄影；到达终止摄影标志时，摄影停止。然后转弯飞行进入第二条航线，如此依次摄影直至整个区域的航摄工作全部完成即可返航。其航摄过程如图 1-3 所示。

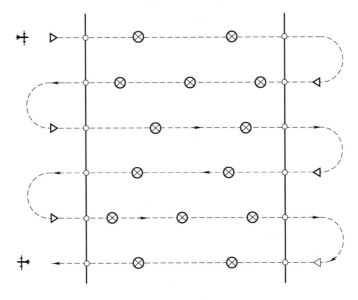

图 1-3　航摄过程

三、航摄资料的技术要求及检查验收

为了满足航测成图的需要，航摄部门所提交的航摄资料（主要是航摄像片），经检查验收后必须满足规范和协议规定的技术要求，用户方可接收。

1. 对飞行质量的技术要求及检查验收

（1）对像片倾斜角的要求　像片倾斜角是指航摄仪的主光轴与过镜头中心的铅垂线之间的夹角，用 α 表示。在目前条件下所摄得的航摄像片难免有一定的倾斜，为了减小该因素对航测成图的不利影响，要求像片倾斜角一般不大于 $2°$，个别最大不超过 $3°$。

（2）对航摄比例尺的要求　当像片水平，地面水平时，航摄比例尺等于摄影主距与测区相对航高之比，即

$$\frac{1}{m} = \frac{f}{H} \tag{1-1}$$

当像片倾斜，地面有起伏时，航摄比例尺的计算比较复杂（像片上各点的比例尺均不同），但可以用式（1-1）获得平均航摄比例尺。

在制订航空摄影计划时，选定了航摄仪和航摄比例尺，则航高 H 也就确定了。航空摄影时，飞机按预定的航高 H 飞行，以获得预定比例尺的航摄像片。

（3）航高差的要求　一般来说，飞机在航空摄影时很难准确地保待同一高度水平飞行，这样航摄像片之间会有航高差的存在。由于航高差的影响，航片之间的比例尺会有所差异。当相邻航片之间这种差别较大时，会影响立体观察和立体量测的精度。故规范要求同一航线上相邻像片的航高差不得大于 30m；最大和最小航高之差不应超过 50m；摄影分区内实际航高不应超出设计航高的 5%（实际航高指摄影时飞机实际的飞行高度，设计航高指计划飞行的高度）。

（4）对像片重叠度的要求　为了满足航测成图的需要，考虑航线网、区域网的构成以及模型之间的连接等，要求相邻 3 张航摄像片应有公共重叠部分。航摄中同一航线相邻像片之间的重叠称为航向重叠，相邻两条航线之间像片的重叠称为旁向重叠，如图 1-4 所示。像片重叠的大小以重叠度表示，如式（1-2）：

$$P_x = \frac{q_x}{L} \times 100\% \qquad P_y = \frac{q_y}{L} \times 100\% \tag{1-2}$$

式中，P_x、P_y 分别表示航向、旁向的重叠度；q_x、q_y 分别表示航向、旁向重叠部分的像片长度；L 表示像幅长度。

一般要求：航向重叠度（P_x）应为 60%~65%，个别最大不得大于 75%，最小不得不小于 56%。当个别像对的航向重叠度虽小于 56%，但大于 53%，且相邻像对的航向重叠度不小于 58%，能确保测图定向点和测绘工作边距像片边缘不小于 1.5cm 时，可视为合格。

旁向重叠度（P_y）应为 30%~35%，个别最小不得小于 13%。

在沿图幅中心线敷设航线，实现一张像片覆盖一幅图时，航向重叠度可加大到 80%~90%，且应保证图廓线距像片边缘至少大于 1.5cm。

检查像片重叠度是否满足要求时，应以重叠部分最高地形部分为准。当像片航向或旁向的重叠度小于最小重叠度要求时，将可能产生航摄漏洞。航摄漏洞会给航测成图带来相当大的困难。当重叠部分小到不能建立立体模型，但在单张像片应用范围内还有地面影像的称为航摄相对漏洞，否则称为航摄绝对漏洞。

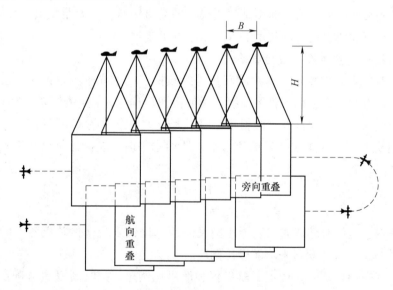

图 1-4　航摄像片的重叠

（5）对航线弯曲度的要求　航线弯曲是指航摄时飞机不能准确地在一条直线上飞行，实际航迹呈曲线状。航线弯曲的大小用航线弯曲度 e 表示。航线弯曲度的确定方法如图 1-5 所示，首先把一条航线的像片按其重叠正确排好，然后用直尺量取该航线两端像片像主点之间的距离 L，同时也量出偏离该直线 L 最远的像主点之距 δ，两值比值的百分数即为航线的弯曲度 e，如式（1-3）：

$$e = \frac{\delta}{L} \times 100\% \qquad (1\text{-}3)$$

航线弯曲度一般不应大于 3%。

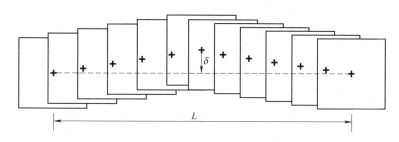

图 1-5　航线弯曲度

（6）对像片旋偏角的要求　航摄像片的旋偏角是指相邻像片像主点的连线与航向框标连线之间的夹角，如图 1-6 所示。

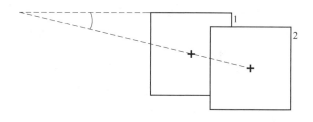

图 1-6　像片旋偏角

当像片的旋偏角过大时，会使像片重叠不正常。所以，要求航摄像片旋偏角一般不大于 6°，最大不超过 8°（且不得连续 3 片）。

（7）对测区边界覆盖范围的要求　对于航线方向，要求超出测区边界线（图廓线）不少于 1 条基线；对于旁向，要求超出测区边界线一般不少于像幅的 50%，最少不少于像幅的 30%。

如果测区进行了分区，分区之间航线方向相同时，旁向按正常接飞，航向各自超出分区界线 1 条基线。若分区之间航向方向不同时，航向各自超出分区界线 1 条基线，旁向超出分区界线一般不少于像幅的 30%，最少不少于像幅的 15%。按图幅中心线敷设航线时，旁向最少不少于像幅的 12%。

2. 对摄影质量的技术要求及检查验收

1）航空摄影后所获得的航摄像片应满足影像清晰、色调一致、层次丰富、反差适中、灰雾度小的目视检查要求。

2）航摄像片上不应有云影、阴影、雪影。

3）航摄像片上不应有斑点、擦痕、折伤及其他情况的药膜损伤。

4）航摄像片上所有摄影标志（如圆水准器、时钟、框标、像片号等）应齐全且清晰可辨。

5）航摄像片应具有一定的现势性。

小 结

摄影测量的主要任务是测制各种比例尺地形图、建立地形数据库，并为各种地理信息系统和土地信息系统提供基础数据。摄影测量的发展经历了模拟摄影测量、解析摄影测量和数字摄影测量三个阶段。

航空摄影海岸地形甚至浅水区域水深等，都为海道测量提供了新的技术手段和丰富的数据资料。海岸地形航空摄影测量已经成为海道测量内容的一部分。

航空摄影的主要工作是在划分航摄分区的基础上，依据计算的飞行和摄影数据进行航拍，并使航摄像片的倾斜角、航摄比例尺、航高差、重叠度等方面达到规定的要求。

思考和练习

一、填空题

1. 摄影测量的发展经历了_____、_____和_____三个阶段。

2. 摄影测量的主要特点是对影像或像片进行量测和解译，无须接触被研究物体本身，因而很少受_____和_____的限制。

3. 摄影测量的主要特点是对_____或_____进行量测和解译，无须接触被研究物体本身，因而很少受自然条件和地理条件的限制。

4. 摄影测量按摄影距离的远近可分为_____、_____、_____、_____和_____。

5. 摄影测量是利用非接触传感器系统获得的影像及其数字表达进行_____、_____和_____，从而获得自然物体和环境信息的一门工艺、科学和技术。

6. 航空摄影测量的作业过程主要为_____、_____、_____。

7. 摄影测量的外业工作包括_____、_____。

二、名词解释

1. 像片倾斜角

2. 航摄比例尺

3. 航向重叠

4. 航线弯曲度

5. 像片旋偏角

6. 旁向重叠

三、简答题

1. 摄影测量经历了哪几个阶段？

2. 简述海岸带摄影测量的意义。

3. 在平坦地区，对一条航带进行了拍摄，已知每隔一张像片的两张像片的重叠部分为120mm，试问像幅为32cm×32cm的航摄像片，其航向重叠部分为多少？并判断是否符合航摄资料的要求。

第二章

单张像片解析

航摄像片是航空摄影测量的原始资料。摄影测量就是根据被摄物体在像片上的构像规律及物体与对应影像之间的几何关系和代数关系,获取被摄物体的几何属性和物理属性。因此,单张航摄像片解析是整个摄影测量的理论基础。

第一节　中心投影的基本知识

一、中心投影与正射投影

用一组假想的直线,将空间物体投射到某个几何面上,形成该物体在几何面上的构像,称为投影。所用的几何面可以是平面,也可以是曲面。在摄影测量学中,投影的几何面通常取平面,称为投影平面。投影的直线称为投射线或投影线,在投影平面上得到的构像也称投影。

投射线相互平行的投影称为平行投影,如图 2-1a 所示,投射线垂直于投影平面的平行投影称为正射投影,如图 2-1b 所示。在测量学中,小范围的地形图就是该区域地物、地貌在水平面上作正射投影后,按某一地图比例尺、用图式符号绘制在图纸上。投射线会聚于一点的投影称为中心投影,投射线的会聚点称为投影中心。中心投影中,空间物体、投影中心和投影平面的相对位置有三种方式,如图 2-2 所示。图 2-2a 中,投影中心在投影平面和物体之间,称为负片位置;图 2-2b 和 2-2c 中,投影中心位于一侧,称为正片位置。中心投影的构像过程也称透视变换。

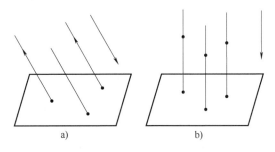

a)　　　　　　　　　　b)

图 2-1　平行投影与正射投影

二、航摄像片是所摄地面的中心投影

航摄像片是地面景物的构像,如图 2-3a 所示,地面上某一点 *A* 的构像光线,经物方节

13

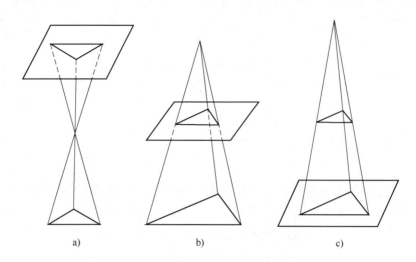

图 2-2 中心投影的三种方式

点 k 和像方节点 k' 后在像片上构像 a。由于航空摄影时物镜内、外介质相同，所以像方节点与像方主点重合，物方节点与物方主点重合。根据节点的特点可知，入射光线与主光轴的夹角 β 和出射光线与主光轴的夹角 β' 相等。为了作图方便，把像方节点（主点）连同像片一起平移，使之与物方节点（主点）重合，当作一个点看待，并以摄影中心（投影中心）S 表示，这样地面点 A 的构像光线 ASa 就成为一条直线，所有其他的构像光线也可以用直线表示且相交于投影中心 S，如图 2-3b 所示。因此，航摄像片就是所摄地面的中心投影。

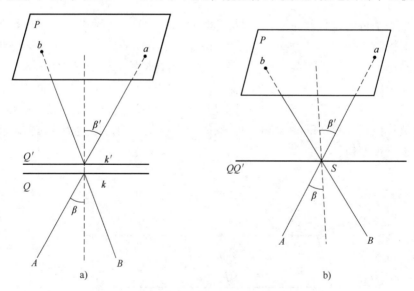

图 2-3 航摄像片与中心投影

航摄像片是地面的中心投影，而地形图则是地面的正射投影。由于地面起伏、像片倾斜的原因，地面上相同的地物在两种投影上的构像存在差异，如图 2-4 所示。怎样由中心投影的像片制作正射投影的地形图是摄影测量的主要任务之一。

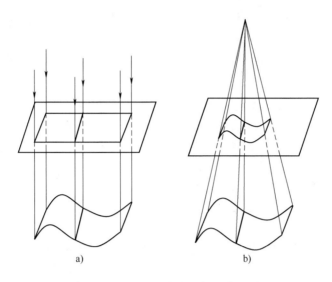

图 2-4 正射投影与中心投影的区别

三、中心投影的特别点、线、面

航摄像片往往存在一定的倾斜角，使像片上的一些点、线、面具有特殊的性质，这些点、线、面对于研究航摄像片的几何特性、确定像片与地面的相对关系具有重要意义。

如图 2-5 所示，E 为水平的地面，P 为倾斜的像片面，α 为像片倾斜角，两个平面的交线称为迹线或透视轴，用 TT 表示。迹线上任一点都称为迹点，迹点既是像点又是物点，故又称为二重点。S 为投影中心（摄影中心）。过投影中心 S 作像平面的垂线交像平面于 o 点，o 即为像主点，So 即为摄影机的主距。延长 So 交地平面 E 于 O，O 称为地主点。过投影中心 S 作地平面的垂线交像平面于 n 点，n 称为像底点，该垂线与地平面的交点 N 称为地底点，SN 即为摄影机的航高。

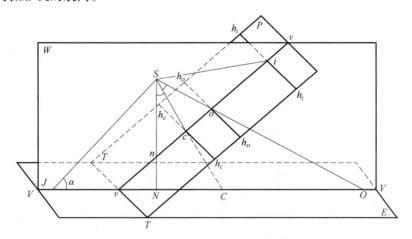

图 2-5 中心投影的特别点、线、面

过 So 和 Sn 作一个平面 W，称为主垂面，主垂面 W 必然既垂直于像平面又垂直于地平面。主垂面与像平面的交线 vv 称为主纵线，像主点和像底点都在主纵线上。主垂面与地平面的交线 VV 称为摄影方向线，地主点和地底点都在摄影方向线上。在主垂面内作像片倾斜角 $\angle OSN$ 的角平分线，分别交主纵线和摄影方向线于 c 和 C，c 和 C 分别称为等角点和地等角点。

过投影中心 S 作的平行于地平面的平面，称为合面或真水平面（图中未表示），合面与像平面的交线 h_ih_i，称为合线或真水平线，合线与主纵线的交点 i 称为主合点。主合点是地平面上一组平行于摄影方向线的直线的无穷远点在像平面上的构像。合线上的任一点都称为合点。像平面上任一平行于合线的直线都称为像水平线，其中过等角点 c 的像水平线 h_ch_c 称为等比线，过像主点的像水平线 h_oh_o 称为主横线。在主垂面内过投影中心 S 作像平面的平行线与地平面的交点 J 称为主遁点。

第二节　像片的内外方位元素

一、摄影测量常用的坐标系

为了用数学的方法建立物、像之间的关系，必须在像方空间与物方空间建起一些必要的坐标系统。下面将简要介绍航空摄影测量中一些常用的坐标系统及其坐标变换关系。

1. 像方空间坐标系

（1）像平面坐标系（$o\text{-}xy$）　像平面坐标系，用以表示像点在像平面内的位置。按定义它是以像主点 o 为坐标系的原点，但实际上由于像主点的位置在像片上很难直接找出，所以一般是以框标连线的交点作为该原点（即此时视像主点与框标连线的交点重合），以对应框标的连线为其坐标轴 (x,y) 组成右手直角坐标系（$o\text{-}xy$）。显然这是以框标坐标系作为像平面坐标系，这样像点 a 在像平面坐标系（$o\text{-}xy$）中的坐标则用 $a(x,y)$ 表示，如图 2-6 所示。

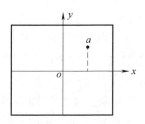

图 2-6　框标坐标系

严格地讲，像平面坐标系（$o\text{-}xy$）与框标坐标系（$p\text{-}xy$）之间存在着坐标原点简单平移的关系，即

$$\begin{bmatrix} x \\ y \end{bmatrix} = \begin{bmatrix} x_a \\ y_a \end{bmatrix} - \begin{bmatrix} x_o \\ y_o \end{bmatrix} \tag{2-1}$$

式中，x，y 表示任一像点 a 在坐标系 $o\text{-}xy$ 中的坐标；x_a，y_a 表示任一像点 a 在坐标系 $p\text{-}xy$ 中的坐标；x_o，y_o 表示像主点 o 在坐标系 $p\text{-}xy$ 中的坐标。

因此，选择框标坐标系作为像平面坐标系时，应用中可按 x_o，y_o 进行数据改正。

（2）像空间坐标系（$S\text{-}xyz$）　像空间坐标系，用以表示像点在像方空间的位置。该坐标系的原点选在摄影（或投影）中心 S 上，其主光轴 So 为 z 轴，向上为正；x 轴，y 轴则分别与像平面坐标系（$o\text{-}xy$）的轴平行且方向一致，如图 2-7 所示。

这样，任一像点 a 在像空间坐标系 $S\text{-}xyz$ 中的坐标为 $a(x,y,z)$，其中 $z=-f$。故任一像点在像空间坐标系中的坐标常用 $(x,y,-f)$ 表示。

（3）空间辅助坐标系　空间辅助坐标系种类较多，由于它只是解决所求问题的一种过渡性坐标系统，因此它能根据不同坐标变换的需要，灵活选择其坐标原点及轴系。

例如，当坐标原点选在某一摄影中心 S，X 轴与航线方向一致，向东为正，Z 轴铅垂，且向上为正。以此构成的右手坐标系 $S\text{-}XYZ$ 称为像空间辅助坐标系，如图 2-8 所示。显然，在航测中，地面某一点 A 在像空间辅助坐标系 $S\text{-}XYZ$ 中的 Z 值等于该点的航高值 H_A，反号（即 $Z=-H_A$）。

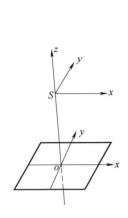

图 2-7　像空间坐标系

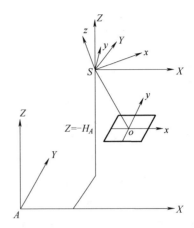

图 2-8　空间辅助坐标系

再如，当空间辅助坐标系的原点选在某一地面点 A 时，此时组成的坐标系 $A\text{-}XYZ$（见图 2-8）称为地面辅助坐标系，简称地辅坐标系。

所以，空间辅助坐标系用以表示像点和地面点的空间位置。

2. 物方空间坐标系

物方空间坐标系用于描述地面点在物方空间的位置，常用的有以下 3 种。

（1）摄影测量坐标系　摄影测量坐标系仍然是一种过渡性质的坐标系。将像空间辅助坐标系平移到相应地面点 P 上，得到的坐标系 $P\text{-}X_PY_PZ_P$ 称为摄影测量坐标系，如图 2-9 所示。由于它与像空间辅助坐标系平行，因此，只要将像空间辅助坐标平移并乘以适当的比例因子，变换求得的坐标就是相应的地面点的摄影测量坐标。

（2）地面测量坐标系　地面测量坐标系通常指地图投影坐标系，它是一个左旋的高斯-克吕格平面直角坐标系（纵轴为 X，横轴为 Y），如图 2-9 所示。野外像片控制测量所提供的像片控制点就是地面测量坐标。

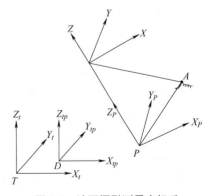

图 2-9　地面摄影测量坐标系

（3）地面摄影测量坐标系　由于地面测量坐标系采用的是左手系而摄影测量坐标系采用的是右手系，这给由摄影测量坐标到地面测量坐标系的转换带来了许多不便。为此，在摄影测量坐标系与地面测量坐标系之间建立一种过渡性的坐标系，称为地面摄影测量坐标系，用 $D\text{-}X_{tp}Y_{tp}Z_{tp}$ 表示，其坐标原点在测区内的某一地面点 D（一般是已知点）上，坐标轴与地面测量坐标系平行，横轴与纵轴互换构成右手直角坐标系，如图 2-9 所示在摄影测量的坐标变换中，首先将摄影测量坐标转换成地面摄影测量坐标最后再转换成地面测量坐标。

二、航摄像片的内方位元素

利用航摄像片测制地形图，必须研究航摄像片与相应地面之间的关系。其中航摄像片内、外方位元素的概念，是用于建立物、像之间数学关系的重要基础。

在航测中，将确定摄影瞬间摄影中心 S、像片平面 P 与地面（物面）T 相关位置的数据称为航摄像片的方位元素。根据作用不同，航摄像片的方位元素又分为内方位元素和外方位元素。

在航摄像片的方位元素中，用以确定摄影中心 S 与像片平面 P 相关位置的数据，称为航摄像片的内方位元素。

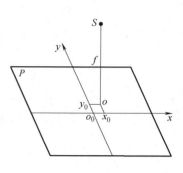

图 2-10 内方位元素

如图 2-10 所示，过摄影中心 S 作像片平面 P 的垂线，其垂足 o 即为该像片的像主点，其垂线 So 称为摄影主距，用 f 表示。通常把航线方向的一对机械框标的连线作为 x 轴，另一对机械框标的连线作为 y 轴，其交点为 o_0，以此则组成框标坐标系 $o_0\text{-}xy$。由前航空摄影知识可知，航摄仪在安置时不可避免地存在误差，所以一般情况下像主点 o 与框标连线的交点 o_0 并不正好重合，像主点 o 在框标坐标系中的坐标一般用 x_0、y_0 表示。显然，如果保持摄影瞬间 f 和 x_0、y_0 这三数据不变，即可获得一个与摄影瞬间完全相似的光束。故内方位元素的作用是确定或恢复摄影光束形状的要素。航摄像片的内方位元素所包括的 3 个数据（f、x_0、y_0），目前在航摄仪检定时可以提供，所以在航测应用中，内方位元素一般均作为已知数据。

三、航摄像片的外方位元素

在航摄像片的方位元素中，用以确定摄影光束在空间的位置及其姿态的数据，称为航摄像片的外方位元素。

航摄像片的外方位元素共有 6 个，其中 3 个用来确定摄影光束在空间位置的数据称为直线元素；另外 3 个用来确定摄影光束在空间姿态的数据称为角元素。

1. 直线元素

外方位直线元素，通常指摄影中心 S 在地面坐标系中的 3 个空间坐标值（X_S, Y_S, Z_S），如图 2-11 所示，有了这 3 个直线元素，即可确定航摄像片在摄影瞬间的空间位置。

2. 角元素

仅仅有 3 个直线元素，还不足以描述处在空间某位置的摄影光束此时的姿态，为此还必须引入 3 个角元素。

在这三个角元素中，其中两个是用以确定主光轴的方向，另一个则是用以确定像片平面绕主光轴的旋转量。外方位角元素往往与直线元素在同一坐标系中定义，由于空间直角坐标有 3 个坐标轴，因此在定义角度时以哪个坐标轴为主轴（即先绕其旋转某一角度的那个轴）就有 3 种可能，故角元素有 3 种情况的表达形式。

（1）以 Y 轴为主轴的转角系统——角元素（$\varphi\text{-}\omega\text{-}\kappa$） 如图 2-11 所示，$S\text{-}XYZ$ 为像空间辅助坐标系，$A\text{-}XYZ$ 为地面摄影测量坐标系，假设两坐标系坐标轴相互平行，则在该转角系统中，3 个角元素（φ-ω-κ）的定义如下：

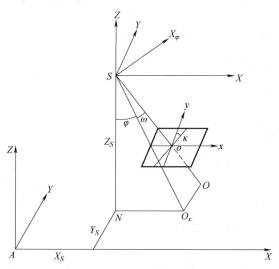

图 2-11　直线元素

φ——主光轴 So 在 XZ 坐标平面内的投影与过投影中心的铅垂线之间的夹角，称为偏角。从铅垂线算起，逆时针方向为正。

ω——主光轴 So 与其在 XZ 坐标平面内的投影之间的夹角，称为倾角。从主光轴 So 在 XZ 坐标平面内的投影算起，逆时针方向为正。

κ——Y 轴沿主光轴 So 的方向在像平面上的投影与像平面坐标系 y 轴之间的夹角，称为旋角。从 Y 在像平面上的投影算起，逆时针方向为正。

三个角元素的作用是，φ 和 ω 确定主光轴 So 的方向，κ 则用来确定像平面内的方位，即光线束绕主光轴的旋转。

（2）以 X 轴为主轴的转角系统——角元素（φ'-ω'-κ'）　如图 2-12 所示，坐标系统定义与 φ-ω-κ 系统相同，3 个角元素（ω'-φ'-κ'）的定义如下：

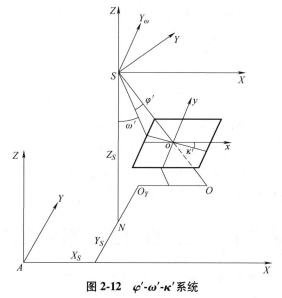

图 2-12　φ'-ω'-κ' 系统

ω'——主光轴 So 在 YZ 坐标平面内的投影与过投影中心的铅垂线之间的夹角，称为倾角。从铅垂线算起，逆时针方向为正。

φ'——主光轴 So 与其在 YZ 坐标平面内的投影之间的夹角，称为偏角。从主光轴 So 在 YZ 坐标平面内的投影算起，逆时针方向为正。

κ'——X 轴沿主光轴 So 的方向在像平面上的投影与像平面坐标系 x 轴之间的夹角，称为旋角。从 X 在像平面上的投影算起，逆时针方向为正。

三个角元素的作用是，ω' 和 φ' 确定主光轴 So 的方向，κ' 则用来确定像平面内的方位，即光线束绕主光轴的旋转。

（3）以 Z 轴为主轴的转角系统——角元素（t-α-κ_v） 如图 2-13 所示，定义摄影测量坐标系的原点为地底点 N，建立摄影测量坐标系 N-XYZ，3 个角元素（t-α-κ_v）的定义如下：

t——主垂面与地面摄影测量坐标系的 XY 面的交线与 Y 轴之间的夹角，称为主垂面方向角。从 Y 轴算起，顺时针方向为正。

α——主光轴 So 与过投影中心的铅垂线之间的夹角，称为像片的倾斜角。角度为正值。

κ_v——像主纵线与像平面坐标系的 y 轴之间的夹角，称为像片的旋角。从主纵线算起，逆时针方向为正。

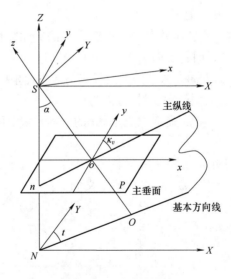

图 2-13　t-α-κ_v 的系统

三个角元素的作用是，t 和 α 确定主光轴 So 的方向，κ_v 用来确定像平面内的方位，即光线束绕主光轴的旋转。

上述三个角元素表达方式，其中模拟摄影测量仪器单张像片测图时，多采用 t-α-κ_v；立体测图时多采用 φ-ω-κ 或 ω'-φ'-κ'；而在解析摄影测量和数字摄影测量中都采用 φ-ω-κ。

第三节　空间直角坐标系的变换

解析摄影测量中，要利用像点坐标计算对应地面点坐标，必须建立像点坐标和地面点坐标的数学关系式，其中必然涉及不同空间直角坐标系之间的坐标变换。

一、平面坐标变换

如图 2-14 所示为原点相同，而轴向不一致的像平面坐标系之间的变换。

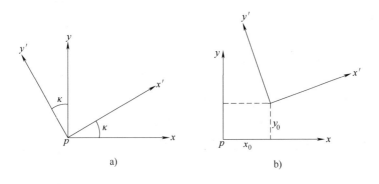

图 2-14 平面坐标变换

设某像点 a 在两坐标系中的坐标分别为 (x,y) 和 (x',y')，则二者只存在轴系的旋转变换，其数学表达式为

$$\begin{bmatrix} x \\ y \end{bmatrix} = A \begin{bmatrix} x' \\ y' \end{bmatrix} \tag{2-2}$$

其中

$$A = \begin{bmatrix} a_1 & a_2 \\ b_1 & b_2 \end{bmatrix} \tag{2-3}$$

称为平面坐标系变换的旋转矩阵。其中 $a_i, b_i (i=1、2)$ 称为方向余弦，由图 2-14 可知，各方向余弦为

$$a_1 = \cos\kappa , a_2 = \cos(90°+\kappa) = -\sin\kappa$$

$$b_1 = \cos(90°-\kappa) = \sin\kappa , b_2 = \cos\kappa$$

则图 2-14a 中两平面直角坐标系之间的变换关系为

$$\begin{bmatrix} x \\ y \end{bmatrix} = \begin{bmatrix} \cos\kappa & -\sin\kappa \\ \sin\kappa & \cos\kappa \end{bmatrix} \begin{bmatrix} x' \\ y' \end{bmatrix} \tag{2-4}$$

其反算式为

$$\begin{bmatrix} x' \\ y' \end{bmatrix} = \begin{bmatrix} \cos\kappa & \sin\kappa \\ -\sin\kappa & \cos\kappa \end{bmatrix} \begin{bmatrix} x \\ y \end{bmatrix} \tag{2-5}$$

式（2-4）和式（2-5）适用于共原点的两平面坐标系的相互转换。当坐标原点不重合时，如图 2-14b 所示，则二者还存在一个平移变换

$$\begin{bmatrix} x \\ y \end{bmatrix} = \begin{bmatrix} \cos\kappa & -\sin\kappa \\ \sin\kappa & \cos\kappa \end{bmatrix} \begin{bmatrix} x' \\ y' \end{bmatrix} + \begin{bmatrix} x_0 \\ y_0 \end{bmatrix} \tag{2-6}$$

其反算式为

$$\begin{bmatrix} x' \\ y' \end{bmatrix} = \begin{bmatrix} \cos\kappa & \sin\kappa \\ -\sin\kappa & \cos\kappa \end{bmatrix} \begin{bmatrix} x \\ y \end{bmatrix} - \begin{bmatrix} x_0 \\ y_0 \end{bmatrix} \tag{2-7}$$

在摄影测量中，像点的平面坐标转换主要用于框标坐标与像平面坐标的变换，而且两坐标系的轴系是对应平行的，所以二者的变换只存在平移变换，见式（2-1）。

二、空间坐标变换

在取得像点的像平面坐标后，加上 $z = -f$ 即可得到像点的像空间直角坐标。像点的空间坐标变换，通常是指将像点的像空间坐标 $(x, y, -f)$ 转换为像空间辅助坐标 (X, Y, Z)。这是像点在共原点的两个空间直角坐标系中的坐标转换。

将式（2-2）的平面坐标变换的旋转矩阵由二维扩展到三维，则由像空间直角坐标系 $S\text{-}xyz$ 转换到像空间辅助坐标系 $S\text{-}XYZ$ 的旋转矩阵为

$$\begin{bmatrix} X \\ Y \\ Z \end{bmatrix} = \boldsymbol{R} \begin{bmatrix} x \\ y \\ -f \end{bmatrix} \tag{2-8}$$

其中

$$\boldsymbol{R} = \begin{bmatrix} a_1 & a_2 & a_3 \\ b_1 & b_2 & b_3 \\ c_1 & c_2 & c_3 \end{bmatrix} \tag{2-9}$$

式中，$a_i, b_i, c_i (i = 1 \、2 \、3)$ 称为方向余弦，$a_1 \、a_2 \、a_3$ 为轴 X 与轴 $x \、y \、z$ 间夹角的余弦，$b_1 \、b_2 \、b_3$ 为轴 Y 与轴 $x \、y \、z$ 间夹角的余弦，$c_1 \、c_2 \、c_3$ 为轴 Z 与轴 $x \、y \、z$ 间夹角的余弦。

式（2-8）的反算式为

$$\begin{bmatrix} x \\ y \\ -f \end{bmatrix} = \boldsymbol{R} \begin{bmatrix} X \\ Y \\ Z \end{bmatrix} = \begin{bmatrix} a_1 & b_1 & c_1 \\ a_2 & b_2 & c_2 \\ a_3 & b_3 & c_3 \end{bmatrix} \begin{bmatrix} X \\ Y \\ Z \end{bmatrix} \tag{2-10}$$

根据前面可知，由像空间直角坐标系 $S\text{-}xyz$ 转换到像空间辅助坐标系 $S\text{-}XYZ$ 的三个旋转角存在三种角元素系统，因此，采用不同的角元素系统，各方向余弦的表达方式有所不同。

1. $\varphi\text{-}\omega\text{-}\kappa$ 表示的方向余弦

如图 2-15 所示，这种转角系统可以分解为三步：首先将像空间辅助坐标系 $S\text{-}XYZ$ 的坐标轴绕主轴 Y 旋转 φ 角，变成 $S\text{-}X_\varphi Y_\varphi Z_\varphi$ 坐标系；然后绕旋转后的 X_φ 轴将 $S\text{-}X_\varphi Y_\varphi Z_\varphi$ 坐标系旋转 ω 角，使它变成 $S\text{-}X_{\varphi\omega} Y_{\varphi\omega} Z_{\varphi\omega}$ 坐标系，其 $Z_{\varphi\omega}$ 轴与主光轴 So 重合；最后绕 $Z_{\varphi\omega}$ 轴旋转 κ 角，达到与像空间直角坐标系 $S\text{-}xyz$ 重合。每次旋转相当于一个二维平面坐标系的旋转变换，而没有旋转的第三维坐标不变。经过三次旋转变换后得

$$\begin{bmatrix} X \\ Y \\ Z \end{bmatrix} = \boldsymbol{R}_\varphi \boldsymbol{R}_\omega \boldsymbol{R}_\kappa \begin{bmatrix} x \\ y \\ -f \end{bmatrix} = \boldsymbol{R} \begin{bmatrix} x \\ y \\ -f \end{bmatrix} = \begin{bmatrix} a_1 & a_2 & a_3 \\ b_1 & b_2 & b_3 \\ c_1 & c_2 & c_3 \end{bmatrix} \begin{bmatrix} x \\ y \\ -f \end{bmatrix} \tag{2-11}$$

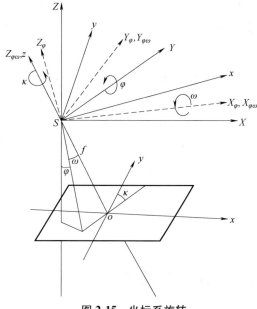

图 2-15　坐标系旋转

所以有

$$
\begin{cases}
a_1 = \cos\varphi\cos\kappa - \sin\varphi\sin\omega\sin\kappa \\
a_2 = -\cos\varphi\sin\kappa - \sin\varphi\sin\omega\cos\kappa \\
a_3 = -\sin\varphi\cos\omega \\
b_1 = \cos\omega\sin\kappa \\
b_2 = \cos\omega\cos\kappa \\
b_3 = -\sin\omega \\
c_1 = \sin\varphi\cos\kappa + \cos\varphi\sin\omega\sin\kappa \\
c_2 = -\sin s\varphi\sin\kappa + \cos\varphi\sin\omega\cos\kappa \\
c_3 = \cos\varphi\cos\omega
\end{cases}
\tag{2-12}
$$

2. ω'-φ'-κ'表示的方向余弦

用上述类似方法，可得到采用 ω'-φ'-κ' 表示的旋转矩阵的方向余弦值

$$
\begin{cases}
a_1 = \cos\varphi'\cos\kappa' \\
a_2 = -\cos\varphi'\sin\kappa' \\
a_3 = -\sin\varphi' \\
b_1 = \cos\omega'\sin\kappa' - \sin\omega'\sin\varphi'\cos\kappa' \\
b_2 = \cos\omega'\cos\kappa' + \sin\omega'\sin\varphi'\sin\kappa' \\
b_3 = -\sin\omega'\cos\varphi' \\
c_1 = \sin\omega'\cos\kappa' + \cos\omega'\sin\varphi'\cos\kappa' \\
c_2 = \sin s\omega'\sin\kappa' - \cos\omega'\sin\varphi'\cos\kappa' \\
c_3 = \cos\omega'\cos\varphi'
\end{cases}
\tag{2-13}
$$

3. t-α-κ_v 表示的方向余弦

同理，用上述类似方法，可得到采用 t-α-κ_v 表示的旋转矩阵的方向余弦值

$$\begin{cases}
a_1 = \cos t\cos\kappa_v + \sin t\cos\alpha\sin\kappa_v \\
a_2 = -\cos t\sin\kappa_v + \sin t\cos\alpha\cos\kappa_v \\
a_3 = -\sin t\sin\alpha \\
b_1 = -\sin t\cos\kappa_v + \cos t\cos\alpha\sin\kappa_v \\
b_2 = \sin t\sin\kappa_v + \cos t\cos\alpha\cos\kappa_v \\
b_3 = -\cos t\sin\alpha \\
c_1 = \sin\alpha\sin\kappa_v \\
c_2 = \sin\alpha\cos\kappa_v \\
c_3 = \cos\alpha
\end{cases} \tag{2-14}$$

第四节　单像空间后方交会

一、共线方程

航摄像片与地形图是两种不同性质的投影，摄影测量的处理就是要把中心投影的影像变换为正射投影的地形图。为此，就要讨论像点与相应物点的构像方程。

选取地面摄影测量坐标系 D-$X_{tp}Y_{tp}Z_{tp}$ 及像空间辅助坐标系 S-XYZ，并使两坐标系的坐标轴彼此平行，如图 2-16 所示。

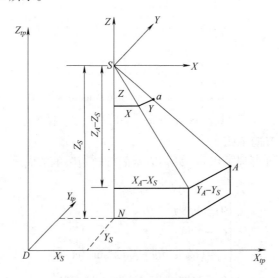

图 2-16　中心投影构像

设摄影中心 S 与地面点 A 在地面摄影测量坐标系中的坐标分别为 (X_S, Y_S, Z_S) 和 (X_A, Y_A, Z_A)，则地面点在像空间辅助坐标系中的坐标为 $(X_A-X_S, Y_A-Y_S, Z_A-Z_S)$，而相应像点 a 在像空间辅助坐标系中的坐标为 (X, Y, Z)。

由于摄影时 S、a、A 三点位于一条直线上，由图 2-16 中的相似三角形关系得

$$\frac{X}{X_A-X_S}=\frac{Y}{Y_A-Y_S}=\frac{Z}{Z_A-Z_S}=\frac{1}{\lambda} \tag{2-15}$$

式中，λ 为比例尺因子，写成矩阵形式为

$$\begin{bmatrix} X \\ Y \\ Z \end{bmatrix}=\frac{1}{\lambda}\begin{bmatrix} X_A-X_S \\ Y_A-Y_S \\ Z_A-Z_S \end{bmatrix} \tag{2-16}$$

像空间坐标系与像空间辅助坐标系的坐标关系式的反算式为（2-10），即

$$\begin{bmatrix} x \\ y \\ -f \end{bmatrix}=\begin{bmatrix} a_1 & b_1 & c_1 \\ a_2 & b_2 & c_2 \\ a_3 & b_3 & c_3 \end{bmatrix}\begin{bmatrix} X \\ Y \\ Z \end{bmatrix}$$

将式（2-16）代入式（2-10），并用第 3 式去除第 1、第 2 式得

$$\begin{cases} x=-f\dfrac{a_1(X_A-X_S)+b_1(Y_A-Y_S)+c_1(Z_A-Z_S)}{a_3(X_A-X_S)+b_3(Y_A-Y_S)+c_3(Z_A-Z_S)} \\[3mm] y=-f\dfrac{a_2(X_A-X_S)+b_2(Y_A-Y_S)+c_2(Z_A-Z_S)}{a_3(X_A-X_S)+b_3(Y_A-Y_S)+c_3(Z_A-Z_S)} \end{cases} \tag{2-17}$$

式（2-17）是中心投影的构像方程，又称为共线方程式。根据式（2-8）、式（2-9）以及式（2-16），可得共线方程反算式为

$$\begin{cases} X-X_S=(Z-Z_S)\dfrac{a_1x+a_2y-a_3f}{c_1x+c_2y-c_3f} \\[3mm] Y-Y_S=(Z-Z_S)\dfrac{b_1x+b_2y-b_3f}{c_1x+c_2y-c_3f} \end{cases} \tag{2-18}$$

共线方程式的应用主要有：
1）单像空间后方交会、多像空间前方交会以及求解像点坐标。
2）解析空中三角测量光束法平差中基本数学模型的建立。
3）构成数字投影的基础。
4）利用 DEM 与共线方程式制作正射影像。
5）利用 DEM 与共线方程式进行单幅影像测图。

二、单像空间后方交会

航摄像片的内方位元素通常由摄影机检定得到，是已知的数据，而外方位元素却是未知的。如果得到了每张像片的 6 个外方位元素，就能恢复航摄像片与地面之间的相互关系。因此，如何获取航摄像片的外方位元素，一直是摄影测量工作者探讨的问题。通常可以采用以下两种方法来获取外方位元素：一种是利用雷达、全球导航卫星系统（GNSS）、惯性导航系统（INS）以及星相摄影机来获取外方位元素；另一种是利用一定数量的地面控制点空间坐标以及相应的像点坐标，根据共线方程式，反求像片的 6 个外方位元素（$X_S,Y_S,Z_S,\varphi,\omega,k$），这种方法称为单像空间后方交会。

下面介绍单像空间后方交会的计算过程。

1）获取已知数据。从摄影资料查取摄影比例尺 $1/m$、航高 H、内方位元素 (x_0, y_0, f)、控制点坐标。

2）测量控制点的像点坐标并进行必要的系统误差改正。

3）确定未知数的初始值（近似值）。近似垂直摄影情况下，外方位角元素近似值通常为零。摄站坐标 Z_S 的初值用像片比例尺分母乘 f 得出。X_S，Y_S 的初值可选用各已知点地面坐标的平均值作为其近似值。

4）按式（2-12）计算方向余弦，组成旋转矩阵。

5）逐点计算像点坐标的近似值。利用未知数的近似值按共线方程式（2-17）计算控制点相应像点坐标的近似值。

6）逐点计算误差方程式的系数和常数项，组成误差方程式。

7）计算法方程的系数矩阵与常数项，组成法方程。

8）求解外方位元素。根据法方程，求解外方位元素改正数，并与相应的近似值求和，得到外方位元素新的近似值。

9）检查计算是否收敛。将所求得的外方位元素的改正数与规定的限差比较，通常对 $d\varphi$，$d\omega$，$d\kappa$ 给予限差，这个限差通常为 $0.1'$，当 3 个改正数均小于 $0.1'$ 时，迭代结束。否则用新的近似值重复步骤 4）~8）的计算，直到满足要求为止。

第五节　航摄像片的像点位移

航摄像片是地面物体的中心投影。在实际应用中，航摄像片一般不可能处于绝对水平的位置，而地面也总是存在着不同程度的起伏。由于这种像片倾斜和地面起伏因素的存在，必然使得地面物体在航摄像片上的构像产生像点的移位和偏差。因此，在航测成图中必须了解并处理该问题。

一、倾斜误差

1. 倾斜误差的概念及实用公式

由于像片倾斜而引起的某一地面点在该像片上的构像相对于同摄站、同主距的水平像片上的构像所产生的一段位移，称为倾斜误差。倾斜误差一般用 σ_α 表示。

如图 2-17 所示，P^0 和 P 分别表示同摄站、同主距的水平像片和倾斜像片；某一地面点 A 在 P^0 和 P 上的构像分别为 a^0 和 a；由于 P^0 与 P 的交线为等比线 $h_c h_c$，c 为等角点；像点 a^0、a 与 c 点的连线 ca^0、ca 称为像点的辐射距，辐射距与等比线的夹角分别用 φ^0_c、φ_c 表示。

根据等角点的特性，则有 $\varphi^0_c = \varphi_c$。不难想象，若将图 2-17 中的像片平面 P 以等比线 $h_c h_c$ 为旋转轴使其与 P^0 面重合，此时 ca 与 ca^0 也必然重合于一条直线上。但由于辐射距 ca 和 ca^0 并不相等（航测中习惯将辐射距用 $r = ca$，$r^0_c = ca^0$ 表示），二者之间的差值 $r_c - r^0_c = \sigma_\alpha$，即为倾斜误差。

倾斜误差的实用公式可用下式表示

$$\sigma_\alpha = -\frac{r_c^2}{f}\sin\varphi_c\sin\alpha \qquad (2\text{-}19)$$

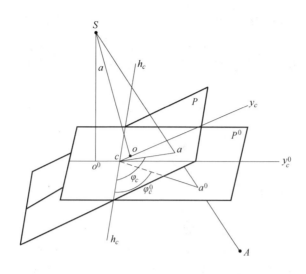

图 2-17 倾斜像片与水平像片的关系

2. 倾斜误差的特性

由倾斜误差的公式及图 2-18 可以看出：

1) 当 $\alpha = 0$ 时，则 $\sigma_\alpha = 0$，说明倾斜误差是由于像片倾斜引起的，水平像片上没有倾斜误差。

2) 当 $\varphi_c = 0$ 或 $\varphi_c = 180°$ 时，则 $\sigma_\alpha = 0$，说明等比线上的像点无倾斜误差。

3) 当 $0 < \varphi_c < 180°$ 时，$\sin\varphi_c > 0$，则 $\sigma_\alpha < 0$；当 $180° < \varphi_c < 360°$ 时，$\sin\varphi_c < 0$，则 $\sigma_\alpha > 0$。因此，等比线将像片分成了两部分，含像主点 o 的部分，其倾斜误差为负值，即朝向等角点位移；含像底点 n 的部分，其倾斜误差为正值，即背离等角点位移。

4) 当 $\varphi_c = 90°$ 或 $270°$ 时，$\sin\varphi_c = 1$，即为最大值。所以，对于 r_c 相等的各像点，当像点位于主纵线上时，倾斜误差最大。

5) 由于 α 角较小，所有对称于等角点 c 的像点，其倾斜误差大小相等，符号相反。

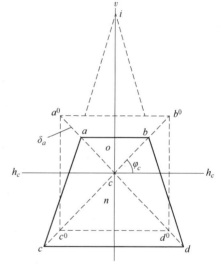

图 2-18 像片倾斜引起的像点位移

6) 倾斜误差分布在以等角点 c 为顶点的辐射线上，且与辐射距 r_c 的二次方成正比。因此，像片边缘的倾斜误差较大。

二、投影误差

1. 投影误差的概念及实用公式

由于地面起伏，使得高于或低于某基准面上的地面点在像片上的构像点与该地面点在基准面上垂直投影点的构像之间所产生的像点位移，称为投影误差。投影误差一般用 σ_h 表示。投影误差是由于地面起伏而引起的，即使是水平航摄像片投影误差仍然存在。如图 2-19 所示，设 P^0 为一水平像片，E_0 为投影基准面；h、$-h$ 分别表示某地面点 A、B 相对于基准面的高差；A_0、B_0 分别为地面点 A、B 在基准面 E_0 上的垂直投影位置；a、a^0，b、b^0 分别为 A、A^0，B、B^0 在水平像片 P^0 上的构像点；S 为摄影中心，n、N 分别为像底点和地底点，N_0 为地底点 N 在基准面上的垂直投影；像点 a（或 b）至 n 点的距离为像点 a（或 b）以像底点为顶点的辐射距，以 r 表示。由图 2-19 不难看出，$Sn=f$（像片主距），$SN_0=H$（基准面的航高），则 aa^0、bb^0 即为地面点 A、B 的投影误差。根据相似三角形的关系，很容易推导出水平像片时，计算投影误差的实用公式

$$\sigma_h = \frac{h}{H}r \tag{2-20}$$

当像片是倾斜像片时，投影误差的计算公式应为

$$\sigma_h = \frac{rh}{H}\left(1-\frac{r}{2f}\sin\varphi\sin2\alpha\right) \tag{2-21}$$

由于目前航摄像片为近似垂直摄影的像片，α 角很小，因此式（2-21）中第二项的影响很小，故实际应用中一般均采用水平像片的投影误差计算公式即式（2-20）。

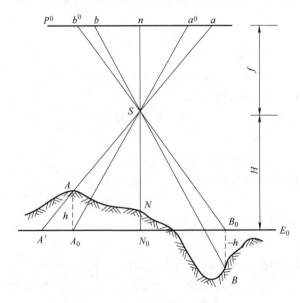

图 2-19　投影误差

2. 投影误差的特性

由投影误差计算公式并结合图 2-19，投影误差的特性可以归纳如下：

1）投影误差是由于地面起伏引起的，它发生在像底点的辐射线上。

2）投影误差的大小与像点到像底点的辐射距 r 成正比。当 $r=0$ 时，$\sigma_h=0$，说明位于像底点 n 处的像点不会产生投影误差；像点距像底点越远，投影差越大；反之越小。

3）投影误差的大小与地面点到基准面的高差 h 成正比。高于基准面的点（即 $h>0$），$\sigma_h>0$，背离像底点位移；低于基准面的点（即 $h<0$），$\sigma_h<0$，朝向像底点位移；位于基准面上的点（即 $h=0$）的像点不存在投影误差。这说明投影误差具有相对性，即对于同一点，当选择的基准面不同时，其投影误差的大小不同。

4）投影误差与基准面的航高 H 成反比。当摄影时，若选择的航高较大，或当摄影比例

尺 m 确定后，采用较长焦距 f 的航摄仪摄影，根据 $H=mf$，均可减小航摄像片的投影误差。

三、物理因素引起的像点位移

上面讨论了引起像点位移的两种因素，即像片倾斜和地面起伏，而由于这两种因素的存在，使得航摄像片比例尺处处不一致。除此之外，一些物理因素也会引起像点位移。摄影中心、地面点以及相应像点应在同一条直线上，然而航摄像片在摄影过程和摄影处理过程中，由于物镜的畸变差、大气折光、地球曲率以及底片变形等因素的影响，使地面点在像片上的像点位置发生了位移，偏离了三点共线的同一条件。上述因素引起的位移称为物理因素引起的像点位移，它们在每张像片上的影响都有相同的规律，属于一种系统误差。在解析和数字摄影测量中，可以事先对原始数据中的像点坐标进行改正，消除或减弱它们的影响。

第六节　航摄像片的比例尺

在航摄像片上，某一线段构像的长度与地面上对应线段水平距离之比，就是航摄像片上该线段的构像比例尺。

由于像片倾斜和地形起伏的影响，像片上不同点位上产生的像点位移大小不等，因此像片上各部分的比例尺是不相同的。只有在像片水平、地面也水平的理想情况下，像片比例尺才是个常数。下面根据不同情形来分析像片比例尺变化的一般规律。

一、像片水平且地面为水平面的像片构像比例尺

如图 2-20a 所示，假设地面和像片都水平，从摄影中心 S 到地面的航高为 H，摄影机的主距为 f。水平地面上任意线段 AB，在像片上的中心投影构像为线段 ab，按像片比例尺定义有

$$\frac{1}{m}=\frac{ab}{AB}=\frac{f}{H} \tag{2-22}$$

此时，对一张像片而言，构像比例尺为一常数。

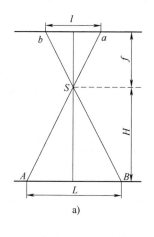

a)

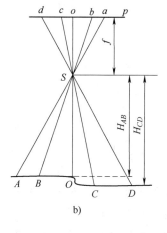

b)

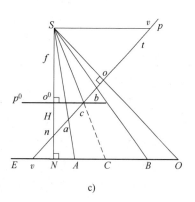

c)

图 2-20　航摄像片的比例尺

二、像片水平而地面有起伏的像片构像比例尺

如图 2-20b 所示，假设像片水平，地面有起伏，地面点 A、B、C、D 在像片上的构像分别为 a、b、c、d，其中 A、B 位于一个水平面上，航高为 H_{AB}，C、D 位于另一个水平面上，航高为 H_{CD}。则线段 AB 和 CD 的构像比例尺分别为

$$\frac{1}{m_{AB}} = \frac{ab}{AB} = \frac{f}{H_{AB}} \qquad \frac{1}{m_{CD}} = \frac{cd}{CD} = \frac{f}{H_{CD}} \qquad (2\text{-}23)$$

从式（2-23）可知，不同航高的线段，具有不同的构像比例尺，线段航高越小，构像比例尺越大。

三、像片倾斜而地面为水平面的像片构像比例尺

如图 2-20c 所示为像片倾斜、地面水平时的情况，由于等比线是同一摄站拍摄的水平像片和倾斜像片的交线，因此倾斜像片等比线上的构像比例尺为

$$\frac{1}{m_{h_ch_c}} = \frac{f}{H} = \frac{1}{m} \qquad (2\text{-}24)$$

即倾斜像片等比线上的构像比例尺等于同一摄站拍摄的水平像片的构像比例尺。从图 2-20 中可以看出，位于等比线与合线之间的任一水平线，其构像比例尺小于等比线上的构像比例尺；而位于等比线与迹线之间的任一水平线，其构像比例尺大于等比线上的构像比例尺。

事实上，由于地形起伏和像片倾斜同时存在，航摄像片的构像比例尺十分复杂。在实际工作中，通常把摄影机主距与所摄地区平均航高的比值作为像片的近似比例尺，称为主比例尺。

小　　结

投影可分为平行投影和中心投影，航摄像片是地面的中心投影。

为了用数学的方法建立物、像之间的关系，必须在像方空间与物方空间建立一些必要的坐标系统，常用的坐标系有像平面坐标系、像空间坐标系、像空间辅助坐标系等。航摄像片内、外方位元素是用于建立物、像之间数学关系的重要基础。

解析摄影测量中，要利用像点坐标计算对应地面点坐标，必须建立像点坐标和地面点坐标的数学关系式，其中必然涉及不同空间直角坐标系之间的坐标变换，主要包括平面坐标转换和空间坐标转换。

航摄像片与地形图是两种不同性质的投影，摄影测量的处理就是要把中心投影的影像变换为正射投影的地形图。为此，就要讨论像点与相应物点的构像方程。航摄像片的内方位元素通常是由摄影机检定时得到的，是已知的数据，而外方位元素却是未知的。如果得到了每张像片的 6 个外方位元素，就能恢复航摄像片与地面之间的相互关系。因此，如何获取航摄像片的外方位元素，一直是摄影测量工作者探讨的问题。

航摄像片是地面物体的中心投影。在实际应用中，航摄像片一般不可能处于绝对水平的位置，而地面也总是存在着不同程度的起伏。由于这种像片倾斜和地面起伏因素的存在，必

然使得地面物体在航摄像片上的构像产生像点的移位和偏差。此外，由于物镜的畸变差、大气折光、地球曲率以及底片变形等因素的影响，也会引起像点位移。

由于像片倾斜和地形起伏的影响，像片上不同点位上产生的像点位移大小不等，像片上各部分的比例尺也不相同。只有在像片水平、地面也水平的理想情况下，像片比例尺才是个常数。

思考和练习

一、名词解释

1. 平行投影
2. 方位元素
3. 投影误差

二、简答题

1. 摄影测量中常用的坐标系有哪些？
2. 摄影测量中，为什么要把像空间坐标变换为像空间辅助坐标？
3. 什么是单张像片的空间后方交会？其观测值和未知数各是什么？至少需要几个已知控制点？为什么？

第三章
立体像对解析

以单张像片解析为基础的摄影测量通常称为单像摄影测量或平面摄影测量，根据第二章可知，这种摄影测量不能解决地面目标的三维坐标测定问题，解决这个问题要依靠立体摄影测量。立体摄影测量也称为双像摄影测量，是以立体像对为基础，通过对立体像对的观察和测量确定地面目标的形状、大小、空间位置及性质的一门技术。

第一节　立　体　像　对

由不同摄影站摄取的、具有一定影像重叠的两张像片称为立体像对。下面介绍立体像对与所摄地面间的基本几何关系和部分术语。

图 3-1 表示处于摄影位置的立体像对，S_1、S_2 为两个摄站，角标 1、2 表示左、右。S_1、S_2 的连线叫作摄影基线，记做 B。地面点 A 的投射线 AS_1 和 AS_2 叫作同名光线或相应光线。同名光线分别与两像面的交点 a_1、a_2 叫作同名像点或相应像点。显然，处于摄影位置时同名光线在同一个平面内，即同名光线共面，这个平面叫作核面。广义地说，通过摄影基线的平面都可以叫作核面，通过某一地面点的核面则叫作该点的核面。例如，通过地面点 A 的核面就叫作 A 点的核面，记做 W_A。所以，在摄影时所有的同名光线都处在各自对应的核面内，即摄影时各对同名光线都是共面的，这是关于立体像对的一个重要几何概念。

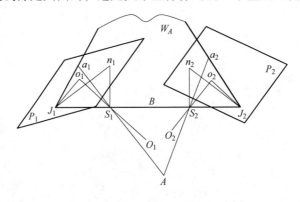

图 3-1　立体像对的点、线、面

通过像底点的核面叫作垂核面，因为左右底点的投射光线是平行的，所以一个立体像对有一个垂核面。过像主点的核面叫作主核面，有左主核面和右主核面。由于两主光轴一般不在同一个平面内，所以左、右主核面一般是不重合的。

基线或其延长线与像平面的交点叫作核点，图 3-1 中 J_1、J_2 点分别是左、右像片上的核点。核面与像平面的交线叫作核线，与垂核面、主核面相对应有垂核线和主核线。同一个核面对应的左右像片上的核线叫作相应核线，相应核线上的像点一定是一一对应的，因为它们都是同一个核面与地面切口线上的点的构像。由此得知，任意地面点对应的两条核线是相应核线，左右像片上的垂核线也是相应核线，而左右主核线一般不是相应核线。由于所有核面都通过摄影基线，而摄影基线与像平面相交于一点，即核点，因此像面上所有核线必会聚于核点。与单张像片的解析相联系可知，核点就是空间一组与基线方向平行的直线的合点。

摄影基线水平的两张水平像片组成的立体像对叫作标准式像对。由于通过以像主点为原点的像平面坐标系的坐标轴方向的选择可以使这种像对的两个像空间坐标系、基线坐标系与地辅坐标系之间的相应坐标轴平行，所以也可以说两个像空间坐标系和基线坐标系各轴均与地辅坐标系相应轴平行的立体像对叫作标准式像对。

立体像对上相应像点在两像片上的位置是不同的，即在两像片上的像平面坐标是不等的，如图 3-2 所示。这种相应像点的坐标差称为视差。其中横坐标之差称为左右视差，用 p 表示，纵坐标之差称为上下视差，用 q 表示，即

$$\begin{cases} p = x_1 - x_2 \\ q = y_1 - y_2 \end{cases} \tag{3-1}$$

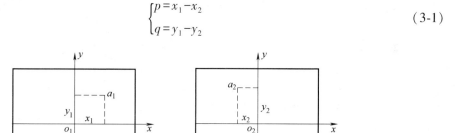

图 3-2　立体像对的视差

左右视差恒为正，上下视差可为正、负或零。

标准式立体像对上各点的上下视差都等于零，即

$$q = y_1^0 - y_2^0 = 0 \tag{3-2}$$

任意两地面点的左右视差之差称为左右视差较，用 Δp 表示，即

$$\Delta p = p_1 - p_2 \tag{3-3}$$

左右视差、左右视差较和上下视差是立体摄影测量中的重要概念。

第二节　立体观察与量测

一、单眼观察和双眼观察

1. 单眼观察

单眼观察就如同照相机照一张相片一样，把空间立体的景物变成一个平面的构像，单眼观察只能感觉到物体的存在和判断其方向，但不能判别物体的远近。生活中用单眼观察产生的远近（景深差）感觉，是按照透视法则，比较构像大小和明暗适度而得到的，并非真正

的立体感。

单眼能够辨别最小物体的能力叫作单眼视力，通常用单眼所能辨别的最小物体对眼睛所张的角值来表示。单眼视力分为两类：辨别点状物体的能力叫作第一类单眼视力，约为45″；辨别线状物体的能力叫作第二类单眼视力，约为20″。

2. 双眼观察

当用双眼观察物体时，就能分辨出物体的远近，此时所依据的特征设想为"生理视差"，而不是凭借生活经验所得到的印象。用双眼观察能够判别物体远近（产生立体感觉）的原因可以做如下推述：

当双眼注视 F 点（见图3-3）时，F 点分别构像于两眼的网膜窝中心 f_1、f_2；距 F 点远近不同的 A 点和 B 点也分别构像于左、右网膜上的 a_1、a_2 和 b_1、b_2。我们感觉：与 F 点不同距离的点在左、右两网膜上像点的位置相对于网膜中心来说是不同的，例如 a_1、a_2 分别与 f_1、f_2 在眼基线方向的弧长是不等的，其差值 $f_1a_1-f_2a_2=\eta$ 称为生理视差。若规定弧长在网膜窝中心的左边为正，右边为负，则任一物点如图3-3中的 A 点比注视点 F 远时，生理视差 $\eta<0$，比注视点近（如 B 点）时，$\eta>0$，而注视点的生理视差为0。由此可知，由于远近不同的物体在网膜上形成了不等的生理视差，它由视神经传导至大脑皮

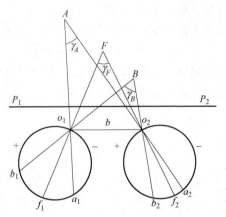

图3-3 双眼立体观察原理

层的视觉中心，便产生了物体有远近不同的感觉。所以认为，生理视差是产生立体感觉的原因。

双眼观察能判别物体有远近的能力，称为双眼视力。通常用两物点（其中一点为注视点）的视差角之差来表示（任一物点的两相应视线的交角称为视差角，如图3-3中的 γ）。双眼视力也分为两类：能判别两物点有远近差别的能力叫作第一类双眼视力，经实验约为30″；能判别平行线有远近差别的能力叫作第二类双眼视力，为 10″~15″。

双眼观察时，如观察点与凝视点前、后距离相差不超过一定范围，则双眼中的构像基本一样，视觉中也自然凝合为一个影像；如果前、后距离相差较大，两个眼中的相应弧距是不相等的，视觉中会出现双影。这个现象是容易观察到的，只要在观察者面前举起两支铅笔，使它们前后相距 15~20cm，凝视前面的铅笔时，后面的铅笔为双影；凝视后面的铅笔时，前面的铅笔为双影。经验表明，当观察目标点的视差角与凝视点的视差角之差不大于70′时，便可以凝合成一个影像，形成立体视觉。由此可见，一定范围内的生理视差是形成立体视觉的原因，也是立体视觉景深有一定限度的原因。

双眼立体观察中，当被观察的景物远到一定程度时，景物间的远近凭直接观察便不可分了，必须借助背景及其他间接知识方可判断远近，这个远到一定程度的距离就叫作立体观察半径。根据双眼视力的定义可知，如果凝视点的视差角等于双眼视力，那么比凝视点更远的点的视差角必小于双眼视力，所以其远近便不可分辨了。由此可定义：视差角等于双眼视力时的凝视点距离，叫作立体观察半径。

二、像对立体观察

像对的立体观察是摄影测量，特别是立体摄影测量的基础技术手段。下面分别就与摄影测量关系最为密切的像对立体观察的条件、效果，像对立体观察的工具等问题加以讨论。

用双眼直接观察空间物体能有远近感觉的现象，称为天然立体观察。利用立体像对在室内进行双眼观察，也能获得与直接观察空间物体一样的立体感觉，这种现象称为像对立体观察。

1. 像对立体观察的条件

设想图 3-4 中的 P_1、P_2 是用同焦距的摄影机使镜头中心位于眼透镜中而摄得的立体像对（处于阳位），a_1、b_1 和 a_2、b_2 为左右像片上像点。现在将空间物体移开，在不改变两眼和两像片位置的情况下使每眼各看一张像片，则各像点的视线构成的光束与摄影时的摄影光束一致，即与实际看物体时视线所构成的光束一致。这时立体像对上各像点在两眼网膜上所构成的像和形成的生理视差与直接看实物时一样，因而可得到与直接观察空间物体时同样的立体感觉。由试验可知，如果两眼与像对的相对位置有所改变，但仍能保证相应视线成对相交，就可获得立体效果。

根据天然立体观察的特点和分析，得出像对立体观察应满足的条件有：

1）两张像片必须是由相邻两摄影站对同一物体摄影所获得的，即要有立体像对。

2）两眼必须分别各看一张像片，即必须实现分像。

3）像片所安置的位置，必须使相应视线成对相交，即像片定向，以保证两视线在同一视平面内。

由于在立体观察中，允许左视线和右视线所决定的视平面有一微小夹角，所以上述第 3 条有时可近似满足。此外，良好的立体观察还要求一些附加条件，如同名影像的比例尺差异应尽量小，一般不能大于比例尺的 16%。

2. 像对立体观察的效果

进行像对立体观察时，在满足上述条件的情况下，如果像片相对眼睛安放的位置不同，可以得到不同的立体效果，即可能产生正立体、反立体和零立体效应。

（1）正立体　正立体是指观察立体像对时形成的与实地景物起伏（远近）相一致的立体感觉。当左、右眼分别观察置于阳位的立体像对的左、右像片时就产生正立体效应，如图 3-4a 所示。在此基础上将立体像对的两张像片作为一个整体，在它自身平面内旋转 180°，观察位置不变，使左眼看右像、右眼看左像，得到的仍是正立体，仅方位相差 180°，如图 3-4b 所示。

（2）反立体　反立体是指观察立体像对时产生的与实地景物起伏（远近）相反的一种立体感觉。在正立体效应图 3-4a 的基础上，将两张像片在各自平面内旋转 180°或者将左、右像片对调（不旋转）都可以产生反立体，如图 3-5 所示。图 3-5a 是各自旋转 180°的结果，图 3-5b 是左、右像片对调的结果。显然，图 3-5a 和图 3-5b 这两种反立体的方位是相反的。

（3）零立体　像对立体观察中形成的原景物起伏（远近）消失了的一种效应，称为零立体效应。这是将立体像对的两张像片各旋转 90°，使同名像点的连线都相等，并且原左右视差方向改变为与眼基线垂直所得到的结果。这时所有同名像点的生理视差都变为零，故消失了远近的感觉。零立体效应并不总是使景物被感觉为平面，对于一般立体像对，当像片转置 90°之后，上下视差将成为左右视差较，形成模型有系统性的起伏变形。这一点在摄影测量的发展过程中曾得到应用。对于起伏很大的景物，由于转置之后左右视差较成为上下视差，所以有可能严重破坏像对立体观察第 3 个基本条件而得不到清晰的零立体感觉。

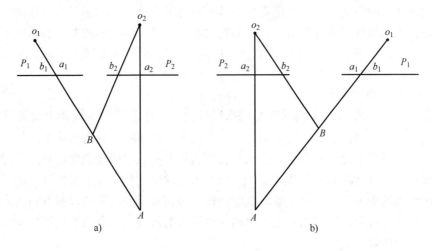

图 3-4　正立体观察原理

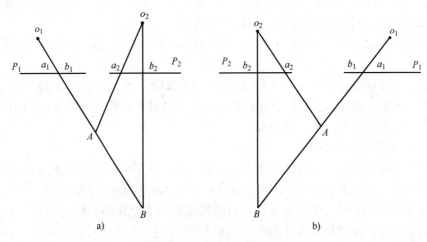

图 3-5　反立体观察原理

3. 像对立体观察的工具

像对立体观察必须每眼各看一像，即必须进行分像。肉眼直接观察像对时要达到分像的目的比较困难，这是因为一方面改变了视轴交会于所视物点上的习惯（每眼各看一像），另一方面交会与调节两动作不协调，即交会角随着左右视差的大小不断改变，而观察距离不变，始终调节在明视距离上。因此，一般要借助于专门的观察工具，立体摄影测量仪器都具有相应的观察系统。

立体观察最简单的工具是袖珍立体镜，观察较大像幅的像对时用反光立体镜。

反光立体镜由两对反光平面镜和一对透镜组成，平面镜安置成 45° 的倾角。在反光镜下面安置的左右像片上的像点所发出的光线，经反光镜的两次反射后分别进入人的左右两眼，达到分像的目的；同时观察的像片位于反光镜透镜的焦面附近，像点发出的光线经透镜后差不多成平行光束，因而眼睛始终调节在远点上，很容易使交会与调节相适应而得到清晰的立体效果。透镜的唯一作用是放大，反光立体镜放大倍率为 1.5~2 倍。

用袖珍立体镜观察立体像对的步骤如下：

1）将像对按方位线定向。即使两像片上的相应方位线（本片像主点与邻片像主点的相应像点的连线）位于一条直线上。

2）沿方位线方向使两像片相对地左右移动，以改变像片之间的距离，使相应视线的交角与眼的交会角相适应。

3）使观察基线与像片上方位线平行，即可进行像对立体观察。

第三节　立体像对的外方位元素

由第二章可知，确定一张航摄像片（或摄影光束）在地面辅助坐标系中的方位，需要 6 个外方位元素，即摄站的 3 个坐标和确定摄影光束姿态的 3 个角元素。因此，要确定一个立体像对的两张像片（或光束）在该坐标系中的方位，则需要有 12 个外方位元素，即

左片：$X_{S1}, Y_{S1}, Z_{S1}, \varphi_1, \omega_1, \kappa_1$。

右片：$X_{S2}, Y_{S2}, Z_{S2}, \varphi_2, \omega_2, \kappa_2$。

这两组（12 个）外方位元素便确定了这两张像片在地辅坐标系中的方位，当然也就确定了这两张像片之间的相对方位。但在解决摄影测量问题时，我们往往首先关心的不是整个像对的绝对方位，而是两张像片的相对方位，比如右像片相对于左像片的方位，而后再处理整个像对在某一测量空间（如地辅坐标系）中的绝对方位。这就把问题简单地分成了两个解决步骤：第一步，确定一个像对中两张像片间的相对方位，这个过程叫作立体像对的相对定向，确定一个立体像对中两张像片之间的相对方位所需要的参数叫作该像对的相对定向元素；第二步，确定该像片对相对于地辅坐标系的绝对方位，这个过程叫作立体像对的绝对定向，它所必需的参数叫作该立体像对的绝对定向元素。

为了决定相对定向元素的个数，用右片的外方位元素减去左片的外方位元素，得

$$\Delta X_S = X_{S2} - X_{S1}$$
$$\Delta Y_S = Y_{S2} - Y_{S1}$$
$$\Delta Z_S = Z_{S2} - Z_{S1}$$
$$\Delta \varphi = \varphi_2 - \varphi_1$$
$$\Delta \omega = \omega_2 - \omega_1$$
$$\Delta \kappa = \kappa_2 - \kappa_1$$

式中，ΔX_S、ΔY_S、ΔZ_S 为摄影基线 B 在地辅坐标系中的 3 个坐标轴上的投影，称为摄影基线的 3 个分量，通常记为 B_X、B_Y、B_Z，它们决定了基线的方向和长度（见图 3-6）。

$$\begin{cases} B = \sqrt{B_X^2 + B_Y^2 + B_Z^2} \\ \tan T = B_Y / B_X \\ \sin V = B_Z / B \end{cases} \tag{3-4}$$

因此，B_X、B_Y、B_Z 这三个元素可用 B（或 B_X）、T、V 这三个元素来代替。

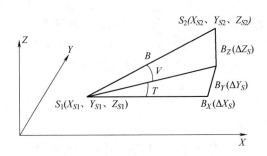

图 3-6   摄影基线在地辅坐标系中的投影

但是我们并不关心基线 B 的长度，因为它只影响模型的比例尺，并不影响两张像片之间的相对方位。于是，确定两张像片（光束）间相对方位的元素便只需要下述的五个，即 T、V、$\Delta\varphi$、$\Delta\omega$、$\Delta\kappa$。

在确定了两张像片（光束）的相对方位之后，如果再知道左片（或右片）的六个外方位元素和基线的长度，就可以按前面的关系求出右像片（或左像片）的外方位元素，于是，这七个参数就叫作立体像对（或模型）的绝对定向元素。

但是，在摄影测量的生产作业中，立体像对的相对定向和绝对定向总是与一定的仪器和作业方法相联系的，通常我们并不直接采用上述的立体像对的相对定向元素和绝对定向元素。

下面介绍摄影测量中常用的两种相对定向元素系统。

一、立体像对的相对定向元素

相对定向元素与摄影测量坐标系的选择有关，对于不同的摄影测量坐标系，相对定向元素可以有不同的选择。下面介绍两种常用的相对定向元素系统。

1. 连续像对相对定向元素

这一系统是把立体像对中的左像片平面当作一个假定的水平面，而求右像片相对于左片的相对方位。这也就是说，这种相对定向元素系统是以左片的像空间坐标系 $S\text{-}x_1y_1z_1$ 作为参照基准的。

如图 3-7 所示，现取左像片的像空间坐标系 $S_1\text{-}x_1y_1z_1$ 作为摄影测量坐标系 $S_1\text{-}XYZ$，可认为左片在此摄影测量坐标系 $S_1\text{-}XYZ$ 中的外方位元素全部为零。因此，右像片的相对定向元素，就是右片在摄影测量坐标系 $S_1\text{-}XYZ$ 中的所谓外方位元素，由于这里的外方位元素并不一定是对地辅坐标系而言的，所以加上所谓二字。因此，连续像对相对定向元素由下述五个元素组成（见图 3-7）：$\overline{T}$、$\overline{V}$、$\Delta\overline{\varphi}$、$\Delta\overline{\omega}$、$\Delta\overline{\kappa}$。

假设一坐标系 $S_2\text{-}X'Y'Z'$ 与摄影测量坐标系 $S_1\text{-}XYZ$ 的各轴平行，则各相对定向元素定义分别如下：

$\overline{T}$ 为摄影基线 B 在 XY 坐标面上的投影与 X 轴的夹角。

$\overline{V}$ 为摄影基线 B 与 XY 坐标面之间的夹角。

$\Delta\overline{\varphi}$ 为右像片主光轴坐标面上的投影与 Z' 轴的夹角。

$\Delta\overline{\omega}$ 为右像片主光轴 S_2o_2 与 $X'Z'$ 坐标面之间的夹角。

$\Delta\overline{\kappa}$ 为 Y' 轴在右像片平面上的投影与右像片像平面坐标系 y_2 轴之间的夹角。

各元素均从坐标轴或坐标面起算（$\Delta\bar{\kappa}$ 从 Y' 轴在右像片上的投影起算），图 3-7 中所示的方向均为正。

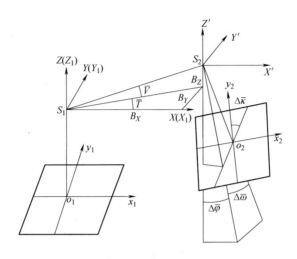

图 3-7 连续像对相对定向元素

以上五个元素中，$\bar{T}$ 和 $\bar{V}$ 确定了摄影基线在摄影测量坐标系 S_1-XYZ 中的方向；$\Delta\bar{\varphi}$ 和 $\Delta\bar{\omega}$ 确定了右光束的主光轴 S_2o_2 在摄影测量坐标系中的方向，因而也就确定了两光束的主光轴间的相对方位；$\Delta\bar{\kappa}$ 确定了右像片在其自身平面内的旋转，即右光束绕其主光轴的旋转。

由于这种相对定向元素系统是以左像片的像空间坐标系为参照基准的，因此可以脱离地面辅助坐标系而独立地确定两个光束的相对方位。这种相对定向元素系统的特点是，在相对定向过程中，只需移动或旋转其中一张像片（或光束），另一个则始终固定不变。

由上述可知，连续像对系统的相对定向元素可以理解为右光束（或右像片的像空间坐标系）在左像片像空间坐标系中的"外方位元素"（基线 B 或 B_X 可为任意假定值）。广义地说，连续像对的相对定向元素可认为是以左像片（左光束）为基准的相对定向元素。假如左像片在某一给定的摄影测量坐标系中的角方位元素是已知的，则可以该摄影测量坐标系为基准。此时右像片（右光束）在该摄影测量坐标系中的"外方位元素"（基线 B 或 B_X 可为任意假定值）仍叫作连续像对的相对定向元素，不过这时的相对定向元素是对该摄影测量坐标系而言的。由于左像片在该坐标系中的角方位元素为已知值，因而也就确定了两光束间的相对方位。

2. 单独像对相对定向元素

在这一系统中，将摄影测量坐标系的坐标原点定在摄站 S_1，其 X 轴与摄影基线 B 重合，Z 轴在左主核面内，如图 3-8 所示。这一种摄影测量坐标系叫作基线坐标系。所以说，单独像对相对定向元素是以基线坐标系为参考基准的。

由于两个摄站 S_1 和 S_2 都在 X 轴上，它们之间的长度又无关紧要，可以为任一常数，因而两摄站之间的相对位置便可很简单地以任意比例尺确定下来。现在的问题是如何规定两光束在基线坐标系中的姿态。因此，单独像对相对定向元素系统由五个元素组成，即 τ_1、κ_1、ε、τ_2、κ_2。

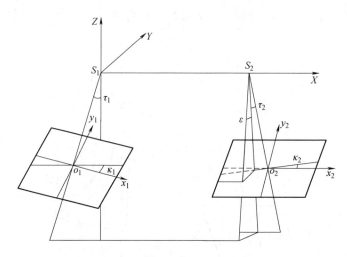

图 3-8 单独像对相对定向元素

其中：τ_1 为左主核面（即 XZ 面）上左主光轴与摄影基线的垂线（即 Z 轴）之间的夹角，由垂线起算，顺着坐标轴正向看，逆时针为正，图 3-8 中为负。κ_1 为左像片上左主核线与像平面坐标系 x_1 轴间的夹角，由左主核线起算，逆时针至 x_1 轴正方向为正，图 3-8 中为负值。ε 为左右两像片主核面之间的夹角，由左主核面起算，图 3-8 中箭头所示的方向为正。τ_2 为右主核面上右主光轴与摄影基线 B 的垂线之间的夹角，由垂线起算，其方向正负规定与 τ_1 相同，图 3-8 中为正值。κ_2 为右像片上右主核线与像平面坐标系 x_2 轴间的夹角，由右主核线起算，正负号规定与 κ_1 相同，图 3-8 中负值。

上述五个元素中，ε 可以确定两主核面间的相对位置；τ_1 和 τ_2 可分别确定两主光轴对基线的相对位置；κ_1 和 κ_2 可分别确定两张像片在其自身平面内的旋转，即控制两光束分别绕其主光轴旋转。所以，用这五个元素也可以确定两光束的相对方位。这种系统的特点是确定两光束相对方位时，要分别转动两光束来实现。它们同样与地面辅助坐标系无关。

单独像对的相对定向元素是以基线坐标系为基准的，从这方面来理解，可以认为 ε、τ_2 和 κ_2 是右光束（右片）在基线坐标系中的"外方位角元素"；τ_1 和 κ_1 是左光束在基线坐标系中的"外方位角元素"。它们的旋转顺序与第二种外方位角元素系统一致，即以 X 轴作为第一旋转轴（主轴），以 Y 轴作为第二旋转轴。

二、立体像对的绝对定向元素

在恢复了立体像对的两张像片（光线束）的相对方位之后，相应光线必在其核面内成对相交，这些交点的总和，形成了一个与实地相似的几何模型。不过，由于相对定向元素系统是以摄影测量坐标系（例如基线坐标系）为参照基准的，是独立于地面辅助坐标系的，因此它在地辅坐标系中的方位是任意的，模型的比例尺也是任意的。在恢复了立体像对的相对方位之后，可以把立体像对的两个光束及其相应光线相交而构成的立体模型作为一个整体看待。

在恢复立体像对的两张像片（光束）的相对方位的基础上，用来确定立体像对（立体模型）在地辅坐标系中的正确方位和比例尺所需的参数，叫作立体像对（立体模型）的绝对定向元素。

前已述及，立体像对（模型）的绝对定向元素应有 7 个。常用的 7 个元素是：B，X_S，Y_S，Z_S，Φ，Ω，K。B 为摄影基线长，用以确定模型的比例尺（也可以用基线分量 B_X 代替，或用模型的比例尺分母代替）；Φ 为模型在 X 方向（航线方向）的倾斜角；Ω 为模型在 Y 方向（旁向）的倾斜角；K 为模型在 XY 平面内的旋转角；(X_S, Y_S, Z_S) 为某一摄站（如左摄站）在地面辅助坐标系 O_T-$X_T Y_T Z_T$ 中的坐标（也可以用模型中某一已知点的地面坐标）。

上述立体像对（模型）绝对定向元素的含义，还可以用解析几何学中坐标变换的方法来分析。假如在确定像对的相对定向元素时，是以摄影测量坐标系 S-XYZ（比如，在单独像对系统中，S-XYZ 就是基线坐标系）为参照基准的，那么，立体像对（模型）的绝对定向元素就是确定摄影测量坐标系 S-XYZ 在地辅坐标系 O_T-$X_T Y_T Z_T$ 中的方位和统一长度单位所需要的参数。为此，就需要有下述的参数：(Φ, Ω, K) 为摄影测量坐标系 S-XYZ 在地辅坐标系的三个旋转角；(X_S, Y_S, Z_S) 为摄影测量坐标系 S-XYZ 的坐标原点 S 在地辅坐标系中的坐标；λ 为两坐标系的单位长度的比值，也就是模型的比例尺分母。

这样，立体像对的绝对定向元素为七个：λ，X_S，Y_S，Z_S，Φ，Ω，K。

第四节 立体像对的前方交会

在立体像对的相对定向元素已知的情况下，可以确定两张像片间的相对方位，也就是恢复两张像片（光束）在摄影时的相对方位，使其相应光线在各自的核面内成对相交。所有交点的集合便形成一个与实地相似的几何模型。这些模型点坐标便可在相应的摄影测量坐标系中计算出来。

利用立体像对两张像片的内、外方位元素和同名像点的像坐标解算相应地面点地面坐标的工作，叫作空间前方交会。

一、空间前方交会公式的一般形式

图 3-9 表示一个已恢复相对方位的立体像对。其中，S 和 S' 代表两个摄站。S-XYZ 是以左摄站 S 为原点的摄影测量坐标系。记：

$(\Delta X, \Delta Y, \Delta Z)$——模型点 A 在摄影测量坐标系中的坐标。

(X, Y, Z)——模型点 A 在左片上的相应像点 a 在摄影测量坐标系中的坐标。

(B_X, B_Y, B_Z)——右摄站 S' 在摄影测量坐标系中的坐标。

为了推导的方便，以右摄站为原点建立一个辅助的摄影测量坐标系 S'-$X'Y'Z'$，并使其三轴分别与上述的摄影测量坐标系 S-XYZ 的三轴平行。现记：

$(\Delta X', \Delta Y', \Delta Z')$——模型点 A 在坐标系 S'-$X'Y'Z'$ 中的坐标。

(X', Y', Z')——模型点 A 在右片上的相应像点 a' 在坐标系中的坐标。

显然，像点在 S-XYZ 中的坐标和相应像点 a' 在 S'-$X'Y'Z'$ 中的坐标分别取决于左右像片在这两个坐标系中的角方位元素。由于这两个坐标系的相应坐标轴平行，因而右片在 S'-$X'Y'Z'$ 中的角方位元素也就是它在 S-XYZ 中的角方位元素。按空间坐标的旋转变换式（2-8），有

$$\begin{bmatrix} X \\ Y \\ Z \end{bmatrix} = M \begin{bmatrix} x \\ y \\ -f \end{bmatrix}, \begin{bmatrix} X' \\ Y' \\ Z' \end{bmatrix} = M' \begin{bmatrix} x' \\ y' \\ -f \end{bmatrix} \tag{3-5}$$

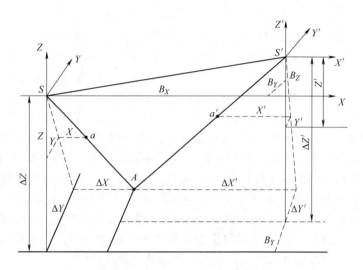

图 3-9 立体像对的空间前方交会

式中，M 为左片对坐标系 $S\text{-}XYZ$ 的旋转矩阵；M' 为右片对坐标系 $S'\text{-}X'Y'Z'$ 的旋转矩阵；$(x, y, -f)$ 为左片像点 a 的像空间坐标；$(x', y', -f)$ 为右片像点 a' 的像空间坐标。

下面推导前方交会公式。

由 S、a、A 三点共线，可以写出

$$\begin{bmatrix} \Delta X \\ \Delta Y \\ \Delta Z \end{bmatrix} = N \begin{bmatrix} X \\ Y \\ Z \end{bmatrix} \tag{3-6}$$

又由 S'、a'、A 三点共线，可以写出

$$\begin{bmatrix} \Delta X' \\ \Delta Y' \\ \Delta Z' \end{bmatrix} = N' \begin{bmatrix} X' \\ Y' \\ Z' \end{bmatrix} \tag{3-7}$$

N 和 N' 叫作投影系数。

因为摄影测量坐标系 $S\text{-}XYZ$ 和 $S'\text{-}X'Y'Z'$ 之间只是一个平移变换关系，由向量代数，有

$$\begin{bmatrix} \Delta X \\ \Delta Y \\ \Delta Z \end{bmatrix} = \begin{bmatrix} B_X \\ B_Y \\ B_Z \end{bmatrix} + \begin{bmatrix} \Delta X' \\ \Delta Y' \\ \Delta Z' \end{bmatrix} \tag{3-8}$$

将式（3-6）、式（3-7）代入式（3-8）中，有

$$\begin{cases} \Delta X = NX = B_X + N'X' \\ \Delta Y = NY = B_Y + N'Y' \\ \Delta Z = NZ = B_Z + N'Z' \end{cases} \tag{3-9}$$

联立求解，即可求得两投影系数为：

$$\begin{cases} N = \dfrac{B_X Z' - B_Z X'}{XZ' - X'Z} \\[2ex] N' = \dfrac{B_X Z - B_Z X}{XZ' - X'Z} \end{cases} \tag{3-10}$$

式（3-9）和式（3-10）便是在单模型内计算模型点坐标的公式，称为空间前方交会公式。它是前方交会公式的一般形式，其他某些特定条件下的前方交会公式可以由它改化而来。

由式（3-9）可得，$NY-(B_Y+N'Y')=Q$，Q 叫作模型的上下视差，如果立体模型建立，同名光线成对相交，则各点的 Q 值应为零。

二、标准式像对空间前方交会公式

对于标准式立体像对，由于其摄影基线水平，在地辅坐标系中两张像片的角方位元素均为 0。此时，若取基线坐标系为摄影测量坐标系 $S\text{-}XYZ$，则有 $B_Y=B_Z=0$，$B_X=B$。将这些关系代入式（3-9）得

$$\begin{bmatrix} \Delta X \\ \Delta Y \\ \Delta Z \end{bmatrix} = N \begin{bmatrix} x_1^0 \\ y_1^0 \\ -f \end{bmatrix} = \begin{bmatrix} B \\ 0 \\ 0 \end{bmatrix} + N' \begin{bmatrix} x_2^0 \\ y_2^0 \\ -f \end{bmatrix} \tag{3-11}$$

$$N = N' = \frac{B}{x_1^0 - x_2^0} = \frac{B}{p^0} \tag{3-12}$$

这就是用标准式像对确定模型点空间坐标的公式。式中 $p^0 = x_1^0 - x_2^0$ 叫作地面点 A 在标准式像对上的左右视差。

设以 H 表示摄站对任一地面点 A 的相对航高，则 $H = -\Delta Z$。由式（3-11）的第三式及式（3-12），可以写出

$$p^0 = \frac{f}{H}B = \frac{1}{M}B \tag{3-13}$$

式中 $M = H/f$ 为像片比例尺分母。由式（3-13）可知，p^0 为按该点像比例尺缩小后的摄影基线长度，称为该点的像片基线。由于地面上各点高低不同，因此摄站对各点的相对航高也不同，各点的像比例尺也不同。在标准式立体像对上，各地面点的左右视差等于按该点像对比例尺缩小后的摄影基线长度。这是关于左右视差的重要概念。

第五节 立体像对的相对定向

恢复立体像对中两张像片（或光束）间的相对方位的过程，叫作立体像对的相对定向。在第一节讲述立体像对的基本定义时，我们已经知道，相应光线和摄影基线共处于一个核面内，这也是恢复立体像对的相对方位的几何条件，称为共面条件。共面条件的解析表达，叫作共面条件方程。

一、共面条件方程的一般形式

如图 3-10 所示，在摄影站 S 和 S' 处摄取一个立体像对 PP'，任一地面点 A 在像片 P 和 P' 上的相应像点分别为 a 和 a'。图 3-10 中 $S\text{-}XYZ$ 为所选定的摄影测量坐标系。过 S' 作一辅助的摄影测量坐标系 $S'\text{-}X'Y'Z'$，使其各坐标轴与 $S\text{-}XYZ$ 的相应坐标轴平行。设 (X,Y,Z) 为 a 点在坐标系 $S\text{-}XYZ$ 中的坐标；(X',Y',Z') 为 a' 点在坐标系 $S'\text{-}X'Y'Z'$ 中的坐标；

(B_X, B_Y, B_Z) 为 S' 点在坐标系 $S\text{-}XYZ$ 中的坐标。

则由向量代数可知，向量 $\overrightarrow{SS'}$、$\overrightarrow{Sa}$ 和 $\overrightarrow{S'a'}$ 共面（即 S、S'、a、a' 四点共面）的充要条件是它们所组成的数量向量积等于零，即

$$\overrightarrow{SS'} \cdot (\overrightarrow{Sa} \times \overrightarrow{S'a'}) = 0 \qquad (3\text{-}14)$$

这就是共面条件方程的向量表达式。其相应的坐标表达形式为

$$\begin{vmatrix} B_X & B_Y & B_Z \\ X & Y & Z \\ X' & Y' & Z' \end{vmatrix} = 0 \qquad (3\text{-}15)$$

它的几何解释是由这三向量所形成的平行六面体的体积必须等于零，由此保证这一对相应光线共处于一个核面之内，成对相交。

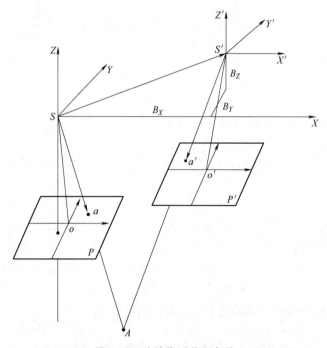

图 3-10　连续像对共面条件

二、连续像对相对定向

在摄影测量中，相对定向常用 6 个标准点来求解，点位分布如图 3-11 所示，并按图中位置命名 1、2、3、4、5、6 点。其中，1、2 点为位于像主点 o_1、o_2 邻近的明显点。各点距边界的距离应大于 1.5cm，而且，1、3、5 三点和 2、4、6 三点尽量位于 $o_1 o_2$ 连线垂直线上。

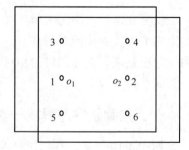

图 3-11　相对定向标准点

利用 6 对相对定向点的像坐标 (x_1, y_1) 和 (x_2, y_2)，列出误差方程式，其总误差方程式和解可表示为

$$V = AX - L$$

$$X = (A^\mathrm{T} A)^{-1} A^\mathrm{T} L$$

$X^\mathrm{T} = (\mathrm{d}\Delta\varphi, \mathrm{d}\Delta\omega, \mathrm{d}\Delta\kappa, \mathrm{d}\Delta T, \mathrm{d}\Delta v)$。由此解算未知数解，计算中，用事先编好的程序计算，迭代趋近直到改正数小于限差为止。具体过程如下：

1）输入原始数据。

① 6 对定向点的像坐标 (x_1, y_1) 和 (x_2, y_2)。

② 航摄仪主距 f。

③ 已知的左片的旋转矩阵 M。

④ 给定的模型基线分量 B_X（如取 1 号点的左右视差）。

2）确定相对定向元素的初始近似值。在近似垂直摄影的情况下，这 5 个相对定向元素的近似值通常可给定为零。

3）由近似值计算右片的旋转矩阵 M'。

4）计算左片和右片相应像点的摄影测量坐标。

$$\begin{bmatrix} X \\ Y \\ Z \end{bmatrix} = M \begin{bmatrix} x \\ y \\ -f \end{bmatrix}, \quad \begin{bmatrix} X' \\ Y' \\ Z' \end{bmatrix} = M' \begin{bmatrix} x' \\ y' \\ -f \end{bmatrix} \tag{3-16}$$

5）根据近似值计算各点的相应模型坐标和投影系数，并组成误差方程式。

6）利用最小二乘原理，求解相对定向元素近似值的改正数。

7）计算改正后的相对定向元素值。

8）检查未知数的改正数是否大于限差，若大于限差，则重复 3）~ 7）步计算，直到所有改正数都小于限差为止。

第六节　立体像对的绝对定向

当一个立体像对完成相对定向之后，相应光线在各自的核面内成对相交，其交点的集合便形成一个与实地相似的几何模型。这些模型点在摄影测量坐标系（有时也称为模型坐标系）中的坐标，可用空间前方交会的方法计算出来。但是，这样建立的模型是相对于摄影测量坐标系的，它在地面坐标系中的方位是未知的，其比例尺也是任意的。现在的问题就是要确定立体模型在地面坐标系中的正确方位和比例尺因子，从而确定出各模型点所对应的地面点在地辅坐标系中的坐标，这项工作就叫作立体模型的绝对定向。

把模型点的摄影测量坐标变换成相应地面点的地面坐标，包含三方面内容：一是模型坐标系对于地辅坐标系的旋转，二是模型坐标系对于地辅坐标系的平移，三是确定模型缩放的比例尺因子，如图 3-12 所示。现在，假定某模型点在模型坐标系中的坐标为 (X, Y, Z)，其对应的地面点在地辅坐标系中的坐标为 (X_T, Y_T, Z_T)，那么上述变换可表达为

$$\begin{bmatrix} X_T \\ Y_T \\ Z_T \end{bmatrix} = \lambda \begin{bmatrix} a_1 & a_2 & a_3 \\ b_1 & b_2 & b_3 \\ c_1 & c_2 & c_3 \end{bmatrix} \begin{bmatrix} X \\ Y \\ Z \end{bmatrix} + \begin{bmatrix} X_0 \\ Y_0 \\ Z_0 \end{bmatrix} \tag{3-17}$$

式中，(X_T, Y_T, Z_T) 为模型点所对应的地面点在地辅坐标系中的坐标；(X, Y, Z) 为模型点在模型坐标系中的坐标；(X_0, Y_0, Z_0) 为模型坐标系原点的平移量；a_i，b_i，c_i 为外方位元素 Φ，Ω，K 计算出的方向余弦，$i = 1$、2、3。立体像对绝对定向的实质就是求解 7 个绝对

定向元素，即 X_0，Y_0，Z_0，Φ，Ω，K，λ。

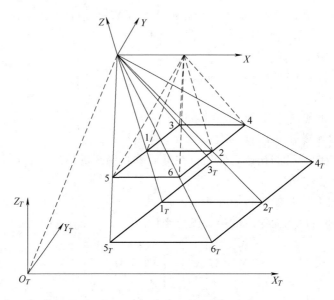

图 3-12 空间相似变换

式（3-17）为解析法绝对定向的基本公式。利用地面控制点求解绝对定向元素时，控制点的地面摄影测量坐标 (X_T, Y_T, Z_T) 为已知值，摄影测量坐标 (X, Y, Z) 为相对定向时的计算值，式中只有 7 个绝对定向元素是未知数。解算 7 个未知数，至少需要列出 7 个方程式，所以，绝对定向至少需要两个平面高程控制点（平高控制点）和一个高程控制点，而且三点不能在同一直线上。生产中一般在像对测绘面积的四个角上各布设一个平面高程控制点，因此，有多余观测值，按最小二乘法平差求解。

小　结

由不同摄影站摄取的、具有一定影像重叠的两张像片称为立体像对。

像对的立体观察是摄影测量，特别是立体摄影测量的基础技术手段。立体观察分为天然立体观察和像对立体观察。像对立体观察，随着像片相对眼睛安放的位置不同，可以得到不同的立体效果，即可能产生正立体、反立体和零立体效应。

确定一个立体像对的两张像片（或光束）在该坐标系中的方位，需要有 12 个外方位元素。在解决摄影测量问题时，通常需要进行立体像对的相对定向和绝对定向，则可将 12 个外方位元素分为相对定向元素和绝对定向元素。

在立体像对的相对定向元素已知的情况下，可以确定两张像片间的相对方位，也就是恢复两张像片（光束）在摄影时的相对方位，使其相应光线在各自的核面内成对相交。所有交点的集合便形成一个与实地相似的几何模型。这些模型点坐标便可在相应的摄影测量坐标系中计算出来。

恢复立体像对中两张像片（或光束）间的相对方位的过程，叫作立体像对的相对定向。恢复立体像对的相对方位的几何条件是相应光线和摄影基线共处于一个核面内。

确定立体模型在地面坐标系中的正确方位和比例尺因子，从而确定出各模型点所对应的地面点在地辅坐标系中的坐标，这项工作叫作立体模型的绝对定向。

思考和练习

一、填空题

1. 由不同摄影站摄取的、具有一定影像重叠的两张像片称为_____。

2. 地面点在立体像对中对应的像点为_____。

3. 同一地面点与立体像对上它的两个同名像点连接形成的两条方向线称为_____。

4. 立体像对两摄站的连线为_____。

5. 核面与像面的交线是_____。

6. 立体像对上相应像点在两像片上的位置是_____的。

二、判断题

1. 由不同摄影站摄取的两张像片称为立体像对。（   ）

2. 立体像对中不同像片上的两个像点为同名像点。（   ）

3. 同一地面点与立体像对上它的两个同名像点连接形成的两条方向线称为相应光线。（   ）

4. 立体像对中两个对应的同名像点的连线为摄影基线。（   ）

5. 核面与像面的交线是同名光线。（   ）

6. 处于摄影位置时，摄影基线与同名光线在同一个平面内。（   ）

三、名词解释

1. 立体像对

2. 同名像点

3. 空间前方交会

4. 绝对定向

四、简答题

像对立体观察应满足的条件是什么？

第四章

空中三角测量

第一节　空中三角测量概述

在双像解析摄影测量中，每个像对都需要 4 个地面控制点才能求解全部模型点的坐标。如果这些控制点的坐标全由野外测定，工作量太大，效率也不高。能否在一条航线或几条航线构成的一个区域中，测少量的野外控制点，在内业用解析摄影测量的方法加密出每个像对所要求的控制点，然后用于测图呢？回答是肯定的，空中三角测量就是为解决这个问题而提出的方法。

空中三角测量（简称空三）是以像片上量测的像点坐标为依据，采用严密的数学模型，按最小二乘法原理，用少量野外控制点作为平差条件，在计算机上求解出测图所需要的地面控制点坐标从而使大部分控制测量工作移到室内完成。这样不仅提高了效率，缩短了航测成图的周期，同时还对航摄仪物镜畸变差、摄影材料的变形、地球曲率、大气折光等因素引起的像点位移进行了改正，精度较高。空中三角测量的主要任务除为内业测图提供大量控制点外，还可提供内业测图工序所需的各种定向数据和其他一系列副产品，如像片的外方位元素、摄影基线等。

空中三角测量根据平差范围的大小，可分为单航带法和区域网法。单航带法是以一条航带为一个单元进行构网、平差计算，在平差中无法顾及相邻航带之间的公共点条件。区域网法则是对由若干条航带（每条航带有若干个像对或模型）或几幅图组成的区域进行整体平差，平差过程中能充分地利用各种几何约束条件，并能减少对地面控制点数量的要求。

根据平差中采用的数学模型可分为航带法、独立模型法、光束法三种方法。航带法是通过相对定向和模型连接先建立自由航带，以点在该航带中的摄影测量坐标为观测值，通过非线性多项式中变换参数的确定，使自由网纳入所要求的地面坐标系，并使公共点上不符值的平方和为最小。独立模型法是先通过相对定向建立单元模型，以模型点坐标为观测值，通过单元模型在空间的相似变换，使之纳入规定的地面坐标系，并使模型连接点上残差的平方和为最小。光束法直接由每幅影像的光线束出发，以像点坐标为观测值，通过每个光束在三维空间的平移和旋转，使同名光线在物方最佳地交会在一起，并使之纳入规定的坐标系，从而加密出待求点的物方坐标和影像的方位元素。

一、航带法区域网空中三角测量

航带法区域网空中三角测量研究的对象是一条航带的模型。首先对航带中每个像对进行连续法相对定向，建立立体模型。此时，每个像对相对定向以左片为基准，求右片相对于左片的相对定向元素。以航带中第一张像片的像空间坐标系作为像空间辅助坐标系，对第一个像对进行相对定向。之后，保持左片不动，即以第一像对右片的相对角元素，作为第二像对左片的相对角元素，为已知值，对第二个像对进行连续法相对定向，再求出第三张像片相对第二张像片的相对定向元素，如此下去，直到完成所有像对的相对定向。这时整条航带的像空间辅助坐标系均化为统一的像空间辅助坐标系。但由于各像对的基线是任意给定的，因此，各模型的比例尺不一致，为此，利用相邻模型公共点的像空间辅助坐标应相等为条件，进行模型连接，构成航带模型。用同样的方法建立其他航带模型。

然后用航带内已知控制点或相邻航带公共点，进行航带模型绝对定向，将各航带模型连接成区域网，并得到所有模型点在统一的地面摄影测量坐标系中的坐标。

最后进行航带或区域网的非线性改正。由于在建立航带模型的过程中，不可避免地有误差存在，同时还要受到误差累积的影响，致使航带或区域网产生非线性变形。为此，需要根据地面控制点按变形规律进行改正。通常，用于非线性改正的数学模型为二次或三次多项式。改正的方法是认为每条航带有各自的一组多项式系数值，然后以控制点的计算坐标与实测坐标应相等以及相邻航线控制点坐标应相等为条件，在误差平方和为最小条件下，求出各航带的多项式系数，从而进行坐标改正，最终求出加密点的地面坐标。

二、独立模型法区域网空中三角测量

独立模型法区域网空中三角测量是基于单独像对相对定向建立单个立体模型，再通过一个个相互连接的单个模型构成航带网或区域网进行空中三角测量。由于各模型的像空间辅助坐标系和比例尺均不一致，因此要用模型内的已知控制点和模型公共点进行空间相似变换。首先将各单个模型视为刚体，利用各单个模型彼此间的公共点连接成一个区域。在连接过程中，每个模型只能做平移、旋转、缩放，这样就要求通过单个模型的空间相似变换来完成。在变换中，模型间公共点的坐标应相等，控制点的计算坐标应与实测坐标相等，同时误差的平方和应为最小。在满足这些条件的基础上，按最小二乘法原理求得每个模型的 7 个绝对定向参数，从而求出所有加密点的地面坐标。这种方法的理论较航线法严密，但计算工作量较航线法大。独立模型法区域网空中三角测量的主要内容包括：

1）求出各单元模型中模型点的坐标，包括摄站点坐标。

2）利用相邻模型之间的公共点和所在模型中的控制点，对每个模型各自进行空间相似变换，列出误差方程式及法方程式。

3）建立全区域的改化法方程式，并按循环分块法求解，求得每个模型的 7 个参数。

4）由已经求得的每个模型的 7 个参数，计算每个模型中待定点平差后的坐标。若为相邻模型的公共点，则取其平均值作为最后结果。

三、光束法区域网空中三角测量

光束法区域网空中三角测量是以每张像片为单元，以共线方程为依据，建立全区域的统一误差方程式和法方程式，整体求解区域内每张像片的 6 个外方位元素以及所有待定点的地面坐标和高程，其原理与光束法双像解析摄影测量相同。

光束法区域网空中三角测量的基本内容如下：

1）各影像外方位元素和地面点坐标近似值的确定。可以利用航线法区域网空中三角测量方法提供影像外方位元素和地面点坐标的近似值。在竖直摄影情况下，可以设 $\varphi = \omega = 0$，κ 角和地面点坐标近似值则可以在旧地形图上读出。

2）从每幅影像上的控制点和待定点的像点坐标出发，按每条摄影光线的共线条件方程列出误差方程式。

3）逐点法建立改化法方程式，按循环分块的求解方法先求出其中的一类未知数，通常是先求出每幅影像的外方位元素。

4）利用空间前方交会求得待定点的地面坐标，对于相邻影像公共交会点应取其均值作为最后的结果。

光束法区域网空中三角测量理论严密，精度高，但计算工作量大。随着计算机技术的发展，计算机的容量、速度均已大大提高，而价格不断降低，使得光束法区域网空中三角测量成为常用的解析空中三角测量方法。特别是在该方法中加入粗差检测、自检校法消除系统误差等措施后，其精度更高，可得到厘米级的加密点位精度。

第二节　GNSS 辅助空中三角测量

在全球导航卫星系统（Global Navigation Satellite System，GNSS）出现以前，航测地面控制点的施测主要依赖传统的经纬仪、测距仪及全站仪等，但这些常规仪器的测量技术都必须满足控制点间通视的条件，因此，在通视条件较差的地区，施测往往十分困难。即使依靠 GNSS 测量技术进行地面控制测量，在崇山峻岭、戈壁荒滩等难以通行地区，仍需作业人员背负仪器、跋山涉水，强度依然很大。

随着 GNSS 动态定位技术的飞速发展，有力推动了 GNSS 辅助空中三角测量技术的发展。该技术已进入实用阶段，在国内外已用于大规模的航空摄影测量生产。如从德国引进的高精度航空定位导航姿态测量系统（IMU/DGNSS），它是采用惯性测量单元（Inertial Measurement Unit，IMU）与差分全球导航卫星系统（Differential Global Navigation Satellite System，DGNSS）技术相结合的方法进行辅助航空摄影测量。机载 IMU/DGNSS 系统采用先进的光纤陀螺系统，结合 DGNSS 测量来直接测定航片的外方位元素，省去了传统航空摄影测量图中外业地面控制的工序。实践表明，该技术可以极大地减少地面控制点的数目，减少外业控制，缩短成图周期，从而降低成本。

一、GNSS 辅助空中三角测量的基本原理

在 GNSS 辅助空中三角测量中，GNSS 主要用于测定空中三角测量所需要的地面控制点和航摄仪曝光时刻摄站的空中位置。

GNSS 辅助空中三角测量是利用安装于飞机上与航摄仪相连接的 GNSS 信号接收机和设在地面上一个基准站上的至少两台 GNSS 信号接收机同步且连续地观测 GNSS 卫星信号，同时获取航空摄影瞬间的航摄仪快门开启脉冲，通过 GNSS 载波相位测量差分定位技术的离线数据后处理获取航摄仪曝光时刻摄站的三维坐标，然后将其视为附加观测值引入摄影网平差中，最后采用统一的数学模型和算法以整体确定物方点位和像片方位元素，并对其质量进行评定的理论、技术和方法。GNSS 辅助空中三角测量的基本思想就是将利用 DGNSS 相位观测值进行相对动态定位所获取的摄站坐标，作为区域网中附加的非摄影测量观测值，以空中控

制取代地面控制（或减少地面控制）的方法来进行区域网平差。

二、GNSS 用于空中三角测量的可行性

GNSS 用于空中三角测量的实质在于利用机载 GNSS 天线相位中心的位置能达到什么样的精度。计算机模拟计算结果表明，GNSS 所获取的摄站位置坐标在区域网联合平差中十分有效，只需中等精度的 GNSS 摄站坐标即可满足表 4-1 所示的航摄测图规范的要求。

表 4-1 所要求的 GNSS 定位精度不仅是完全可以达到的，而且由于 GNSS 确定的每个摄站位置均相当于一个控制点，因而可以将地面控制减少至最低限度，直至完全取消地面控制。由于摄站坐标的加入，大大增加了图形强度，使空中三角测量加密的精度有所提高。

表 4-1　空中三角测量（联合平差）对 GNSS 定位精度的要求

地图 比例尺	像片 比例尺	空中三角测量所需精度/m		等高距/m	GNSS 定位精度/m	
		$\mu_{X,Y}$	μ_Z		$\sigma_{X,Y}$	σ_Z
1：100000	1：100000	5	4	20	30	16
1：50000	1：70000	2.5	2	16	15	8
1：25000	1：50000	1.2	1.2	5	5	4
1：10000	1：30000	0.5	0.4	2	1.6	0.7
1：5000	1：15000	0.25	0.2	1	0.8	0.35
1：1000	1：8000	0.05	0.1	0.5	0.4	0.15

三、机载 GNSS 天线相位中心位置的确定

在 GNSS 辅助空中三角测量中机载 GNSS 天线相位中心位置的确定可分为三步：首先确定各 GNSS 历元的机载 GNSS 天线相位中心位置，然后再根据摄影机曝光时刻内插得到曝光时刻载波相位的机载 GNSS 天线相位中心位置，最后还需要将 GNSS 定位成果转至国家坐标系内。

1. 各 GNSS 历元的机载 GNSS 天线相位中心位置的确定

利用安装在航摄飞机上的一台 GNSS 接收机和安装在地面参考站上的一台或几台 GNSS 接收机同时测量 GNSS 卫星信号，通过 GNSS 动态差分技术可获取各 GNSS 历元的机载 GNSS 天线相位中心位置。为提高定位精度，一般采用基于载波相位观测值的动态差分定位方法。传统 GNSS 动态定位方法要求在进行动态定位前进行静态初始化测量，一方面延长了观测时间，增大了数据量；另一方面也延长了飞机起飞前的等待时间。另外，为尽量避免卫星信号发生周跳或失锁，必须要求飞机转弯坡度小，转弯半径大，加大飞机航程，延长航线间隔时间。随着整周模糊度在航测解算的成功，因机载 GNSS 测量引入的限制都将迎刃而解，航摄飞机可以像常规航摄那样飞行，机载 GNSS 接收机也可在飞机到达摄区时打开，减少不必要的数据记录。

2. 曝光时刻载波相位的机载 GNSS 天线相位中心位置的内插

GNSS 动态定位所提供的是各 GNSS 观测历元动态接收天线的三维位置，而 GNSS 辅助空中三角测量所需要的是某一曝光时刻航摄仪的位置。由于曝光时刻不一定与 GNSS 观测历元重合，航摄仪曝光瞬间机载 GNSS 天线位置必须根据相邻的天线位置内插得到。

如果将曝光时间同步记录在 GNSS 接收机数据流中，则曝光时刻机载 GNSS 天线中心位置可由内插解决。内插（拟合）精度取决于两方面：一方面取决于 GNSS 接收机外部事件注记（Event Mark）时标的精度，另一方面取决于选择的内插（拟合）模型是否与内插（拟合）区段内机载接收天线动态变化相符合。研究表明，GNSS 接收机 Event Mark 时标的精度能达到 $\pm 2\mu s$。因而即使在飞机运动速度高达 200m/s 时，由该时标误差引进的内插误差也仅为 0.4mm，对 GNSS 辅助空中三角测量而言，该误差完全可以忽略不计。

在 GNSS 辅助空中三角测量中，由于飞机的航速较大，GNSS 数据采样率一般选择小于或等于 1s。在航线飞行中一般做近似匀速运动，因而可采用直线内插或低阶多项式拟合模型。实际应用中发现，选择插值时刻前后各两个历元进行二次多项式拟合效果更好。

3. 坐标转换及高程

若 GNSS 动态定位所提供的定位成果属于 WGS-84 坐标系，而所需的空中三角测量加密成果属于某一国家坐标系或地方坐标系，则必须解决定位成果的坐标转换问题。在精确已知地面基准站在 WGS-84 坐标系中的地心坐标，且已知 WGS-84 坐标系与国家坐标系之间转换参数时，则可将动态定位成果转换为国家坐标，更为一般的则采用 GNSS 基线向量网的约束平差。约束平差在国家大地坐标系中进行，约束条件是属于国家大地坐标系的地面网点固定坐标、固定大地方位角和固定空间弦长。为进行机载天线位置的坐标转换，必须有两个以上的地面控制点，这些点有国家坐标系或地方坐标系中的坐标，且进行了 GNSS 相对定位，其中一控制点在航飞时作为地面基准站，那么以该点为固定点条件进行约束平差，可将求得的欧拉角与尺度比用于转换机载天线——基准站的 WGS-84 坐标。

高程基准转换：GNSS 定位所提供的是以椭球面为基准面的大地高，而实际所需要的是以似大地水准面为基准的正常高。高程基准的转换是通过测区内若干已知正常高的控制点按 GNSS 水准方法建立高程异常模型（当测区地形变化较大时应加地形改正）而进行的。

四、GNSS 辅助空中三角测量联合平差

GNSS 辅助空中三角测量是摄影测量与非摄影测量观测值联合平差的一部分，即航摄仪定向数据与摄影测量数据的联合平差。在各种 GNSS 辅助空中三角测量方法中以 GNSS 辅助光束法区域网平差最为严密，GNSS 辅助光束法区域网平差的函数模型是在自检校光束法区域网平差的基础上辅之以 GNSS 摄站坐标与摄影中心坐标的几何关系及其系统误差改正模型后所得到的一个基础方程。与经典的自检校光束法区域网平差法方程相比，其主要增加了镶边带状矩阵的边宽，并没有破坏原法方程的良好稀疏带状结构，因而对该法方程的求解依然可采用边法化边消元的循环分块解决。然而区域网平差中，一并求解漂移误差改正参数可能会使法方程面临难解问题。这种情况下必须有足够的地面控制点。

第三节 自动空中三角测量

常规的空中三角测量是先量测像点坐标，再进行平差计算，这种方法的缺点是对量测结果质量缺乏及时的了解。作业员在量测的过程中，特别是在量测数据量特别大时不可避免地会产生粗差。这些粗差往往在平差计算结束后才能发现，一旦发现粗差，就需要返工补测，重新计算。这样的反复量测和计算既不方便，也不经济，而且在大量数据中找出粗差并加以

排除是相当困难的。

随后一种在线空中三角测量逐渐发展起来，它的基本思想是利用计算机把像点坐标的量测和最小二乘法平差计算放在同一个环节中进行，一边观测一边进行计算，无须分成两个阶段。计算过程中计算机对于获取的数据具有粗差定位的功能，使作业员可以经常得到关于作业过程和质量的信息反馈，以便对量测过程做出必要的更改，与系统进行人机对话。在线解析空中三角测量的另一个特点就是在剔除粗差的过程中无须将全部计算过程重新进行一遍，而只是进行与该点有关的运算。

在数字摄影测量工作站中，由于像点坐标的量测是由影像匹配自动完成的，因而处理粗差的方法一般匹配大量的连接点，即采用大量的多余观测，然后根据粗差探测理论，在平差计算的各阶段将粗差自动剔除。

所谓自动空中三角测量就是利用模式识别技术和多影像匹配等方法代替人工在影像上自动选点与转点，同时自动获取像点坐标，提供给区域网平差程序解算，以确定加密点在选定坐标系中的空间位置和影像定向参数。其主要作业过程如下。

一、构建区域网

一般来说，首先要将整个测区的光学影像逐一扫描成数字影像，然后输入航摄仪检定数据、航摄仪信息文件和地面控制点信息等，建立原始观测值文件，最后在相邻航线的重叠区域内量测一对以上同名连接点。

二、自动内定向

通过对影像中框标点的自动识别与定位来建立数字影像中的各像元行、列数与其像平面坐标之间的对应关系。首先，根据各种框标均具有对称性及任意倍数的90°旋转不变性这一特点，对每一种航摄仪自动建立标准模板；然后，利用模板匹配算法自动快速识别与定位各框标点；最后，以航摄仪检定的理论框标坐标为依据，通过二维仿射变换或相似变换解算出像元坐标与像点坐标之间的各种变换参数。

三、自动选点与自动相对定向

首先，用特征点提取算子从相邻两幅影像的重叠范围内选取均匀分布的明显特征点，并对每一特征点进行局部多点松弛法影像匹配，得到其在另一幅影像中的同名点。为了保证影像匹配的高可靠性，所选点应充分多。然后，进行相对定向解算，并根据相对定向结果剔除粗差后重新计算，直至不含粗差为止。必要时可进行人工干预。

四、多影像匹配自动转点

对每幅影像中所选取的明显特征点，在所有与其重叠的影像中，利用核线（共面）条件约束的局部多点松弛法影像匹配算法进行自动转点，并对每一对点进行反向匹配，以检查并排除其匹配出的同名点中可能存在的粗差。

五、控制点的半自动量测

摄影测量区域网平差时，要求在测区的固定位置上设立足够的地面控制点。研究表明，即使是对地面布设的人工标志点，目前也无法采用影像匹配和模式识别方法完全准确地量测它们的影像坐标。目前数字摄影测量系统一般需要作业员直接在计算机屏幕上对地面控制点影像进行判识并精确手工定位，然后通过多影像匹配进行自动转点，得到其在相邻影像上同名点的坐标。

六、摄影测量区域网平差

利用多像影像匹配自动转点技术得到的影像连接点坐标可用作原始观测值，提供给摄影测量平差软件进行区域网平差解算。

自动空中三角测量是后续的一系列摄影测量处理与应用的基础，如创建数字地面模型（Digital Terrain Model，DTM）、正射影像、立体测图等。

小　　结

空中三角测量是以像片上量测的像点坐标为依据，采用严密的数学模型，按最小二乘法原理，用少量野外控制点作为平差条件，在计算机上求解出测图所需要的地面控制点坐标从而使大部分控制测量工作移到室内完成。空中三角测量根据平差范围的大小，可分为单航带法和区域网法。根据平差中采用的数学模型可分为航带法、独立模型法、光束法。

随着 GNSS 动态定位技术的飞速发展，有力推动了 GNSS 辅助空中三角测量技术的发展。GNSS 辅助空中三角测量的基本思想就是将利用 DGNSS 相位观测值进行相对动态定位所获取的摄站坐标，作为区域网中附加的非摄影测量观测值，以空中控制取代地面控制（或减少地面控制）的方法来进行区域网平差。

自动空中三角测量就是利用模式识别技术和多影像匹配等方法代替人工在影像上自动选点与转点，同时自动获取像点坐标，提供给区域网平差程序解算，以确定加密点在选定坐标系中的空间位置和影像定向参数。其主要作业过程为：构建区域网、自动内定向、自动选点与自动相对定向、多影像匹配自动转点、控制点的半自动量测、摄影测量区域网平差。

思考和练习

一、填空题

1. 空中三角测量根据平差中采用的数学模型可分为_____、_____、_____。
2. 空中三角测量简称_____。

二、判断题

1. 在一个区域网中，必须对每一像对进行地面控制测量，以便实现像对的绝对定向。（　　）
2. 空中三角测量是依据少量控制点，通过内业计算出每个像对所要求的控制点。（　　）

第五章

像片判读与调绘

第一节　像片判读的基础知识

一、概述

地物的波谱特性、空间特征、时间特征、相关特性和成像规律，为航摄像片提供了丰富的地面影像信息，利用这些特性和规律对像片影像相应的地物类别、特性进行识别和某种数据指标的测算，为地形图测制或为其他专业部门提供必要要素的作业过程称为像片判读（或称像片解译）。

像片判读所指的像片不仅是航摄像片，也可以是航天像片、地面摄影像片或其他特殊摄影像片；既可以是黑白像片，也可以是彩色像片、多光谱像片、红外像片、微波像片等。

像片判读根据判读的目的不同可分为地形判读和专业判读。地形判读主要指航空摄影测量在测制地形图过程中进行的判读，其判读目的是通过像片影像获取地形测图所需要的各类地形要素；专业判读是为解决某些部门专业需要进行的带有选择性的判读，其判读目的是通过像片影像获取本专业所需的各类要素。

根据判读的方法不同，像片判读又可分为目视判读技术和计算机人机交互判读技术。目前像片判读的主要方法是目视判读，本节重点介绍这种判读的方法和特点。目视判读又可进一步分为野外判读和室内判读。

野外判读就是把像片带到摄区实地，主要根据地物、地貌的分布状况和各种特征，与像片影像相对照进行识别的方法。即在实地识别出像片影像所表示的地物、地貌元素的性质和范围等，常用于像片控制点的判读和像片调绘工作。在很长时间内航测成图中的像片调绘工作都是采取这种判读方式。它的优点是判读方法简单，易于掌握，判读效果稳定可靠；缺点是野外工作量大，效率低。目前野外判读在生产中仍占有十分重要的地位。

室内判读是主要根据物体在像片上的成像规律和可供判读的各种影像特征以及可能收集到的各种信息资料，采取平面观察、立体观察和影像放大、图像处理等技术，并与野外调绘的"典型样片"比较，进行推理分析等，脱离实地进行的判读。

进行室内判读应充分利用：

1）判读的辅助资料。收集和利用各种专业有关资料，是判读过程中必不可少的内容。判读前，应从农、林、城建、环保、交通、地名办公室等部门充分收集有关的数据和信息资料（图表和文字说明）。

2）判读样片。由于各种不同地区所含的地物信息十分丰富、复杂，在判读过程中，常常必须借助于判读样片进行对比来认识各种地物、地貌。

室内判读方法：

航片的判读，一般要先了解像片比例尺和摄影的时间、季节，然后利用地物在像片上的形状、大小、色调、阴影、相关位置等判读特征，综合分析来识别地物、地貌。例如，根据像片比例尺确定地物的大小、位置；摄影季节对水系的判读和对植被调绘的影响；了解摄影时间对正确利用阴影特征等均有很大帮助。判读中对地物的分析和推理方法可归纳为如下几条：

1）直判法：对航片上呈现的某些特征明确的影像，通过直接观察确定其性质。

2）对比法：将像片上特别的影像，与已知地物影像或标准航片上的影像进行比较，以判定该地物的性质。

3）邻比法：在同一张像片或同一地段像片上，比较各种地物的特点，以确定影像的内容。

4）推理法：利用各种地物的特点和相互之间的关系，以推理和逻辑方法进行判读。推理法判读一般主要考虑地物存在的条件和位置及相互关系，人类活动的规律及自然运动的规律等。

室内判读的主要优点是能充分利用像片影像信息，发挥已有的各种图件资料、仪器设备的作用，减少野外工作量，改善工作环境，提高工作效率。无疑室内判读是发展方向。但室内判读对判读人员自身的素质要求较高，目前判读的准确率只能达到80%左右。因此室内判读还必须和野外判读结合起来，即室内外综合判读法。

二、航摄像片影像的判读特征

航摄像片是由空中沿着近似与地面垂直的方向摄影所得。像片影像所记录的是地物顶部和部分侧面（突出于地面的物体）的图形，加之像片影像与实际地物之间的比例相差很大，影像比实际地物小几千倍甚至几万倍，如果用通常的习惯去看像片，以像片影像去识别地物就比较困难。因此为了在航摄像片上根据影像识别地物，必须熟悉地面物体在像片上构像的各种图形特征和其他特征，如形状、大小、色调、阴影、相关位置、纹理、图案结构、色彩、活动等特征，这些特征又称为地面目标影像的判读特征。

1. 形状特征

形状是指物体外轮廓所包围的空间形态。根据形状特征识别地物应注意以下问题：

1）由于航摄像片倾斜角很小，在平地不突出于地面的物体，如运动场、田块等在像片上的形状与实际地物的形状基本相似。

2）物体位于倾斜坡面上，如山坡上的地物，由于投影差的影响，使面向主点的倾斜面及其地物被拉长；背向主点的倾斜面及其地物被压短。突出于地面而具有一定空间高度的物体，如烟囱、水塔等，由于受投影差的影响，其构像形状随地物在像片上所处的位置而变化。

3）由于像片比例较小，某些小地物的构像形状变得比较简单，甚至消失，如长方形的小水池，其构像变成一个小圆点，这时就不能从形状上去识别地物。

4）同一地物在相邻像片上的构像由于投影差的大小、方向不同，其形状也不一样。

一般情况下地面上地物的形状千差万别，它们在像片上构像的形状也各不相同；地物的形状不仅是描绘地物的重要依据，在一定程度上还能反映出地物的某些性质；因此形状特征是判读地物的重要标志。

2. 大小特征

大小特征是指地物在像片上构像所表现出的轮廓尺寸。在航摄像片上，平坦地区的地物，与其相应构像之间，由于像片倾角很小，基本上可以认为它们存在着统一的比例关系，即实地大的物体在像片上的构像仍然大；但同样大小的地物，处在高处的比处在低处的在像片上构像要大。

应指出，地物构像尺寸大小不仅取决于地物大小和像片比例尺，还与像片倾斜、地形起伏、地物形状及其亮度等因素有关；与其背景形成较大反差的线状地物，如小路，在像片上的构像宽度一般都超过按比例尺算出的实际宽度，主要是由于影像扩散现象所致。

在实际判读中因像片倾角一般不大于 2°，因此对像片倾角引起的地物大小变化可不予考虑。

3. 色调特征

地物呈现出各种自然色彩，但在黑白像片上只能见到由黑到白深浅程度不同的物体影像，像片上反映出的这种黑白层次称为色调。一般情况下，不同的地物因其本身的波谱特性在像片上形成不同的色调。在可见光范围内摄影，凡物体本身为深色调，则在像片上的影像色调较深；凡物体本身为浅色调或白色，其影像色调也较浅。因此判读人员使用同一地区同一时间获取的像片，相对来讲，色调的变化是可以比较的。千差万别的色调变化反映了地物元素的不同特征，因此影像色调不仅是重要的而且是很有潜力的判读特征。色调的深浅用灰度来表示。为了判读时有一个统一的描述尺度，航空像片的影像色调一般分为 10 个阶段，即白、白灰、淡灰、浅灰、灰、暗灰、深灰、淡黑、浅黑、黑。

影响地物影像色调的因素有以下几个方面：

（1）物体表面的照射　地物表面照度是指其表面受光量的多少。一般情况下，阳光与地物受光面的角度越大，受光面越暗，其影像色调越浅，若为直角时，色调发白。反之，受光量越小，色调越暗。当物体表面已无阳光直接照射，而只有散射光，色调就更深。

（2）物体的亮度　人眼感觉到的物体明亮程度称为物体的亮度，越明亮的物体在航摄像上的构像色调越浅。景物中所有物体的亮度取决于它们所受的照度和对光的反射能力，因此地物对光的反射能力也是决定影像色调的重要因素；其值用亮度系数 γ 来衡量，亮度系数越大，对光的反射能力越强。

（3）地物的含水量　同样的物体，含水量不同，其影像色调也不同。

（4）摄影季节　不同地区的植被景观随着季节的变迁，会有明显的变化，其影像色调也会有所不同。

（5）地物表面粗糙程度　地面物体按其表面的粗糙程度分为平滑和粗糙两种。物体表面的情况决定着光的反射性质，平滑的表面反射光线的方向性很强，主要产生镜面反射，其影像色调与摄影机所处的位置和所接受的反射光线多少有关；粗糙的表面则产生漫反射，此时地物在像片上构像的色调与摄影机镜头位置无关，主要取决于地物自身的亮度系数。

水域的色调特征：水域在像片上构像的色调情况比较复杂，不仅与水的深浅、水底物质性质有关，还与摄影机和水面的相对位置有关（水对光线的反射方向），也与水中悬浮物的性质，悬浮物多少、颗粒大小有关，与水面有无波浪有关，与水面是否生长水生植物有关。

4. 阴影特征

高出地面的物体在阳光照射下进行摄影时，在像片上会形成三部分影像：受阳光直接照射的部分，由其自身的色调形成的影像；未受阳光直接照射，但有较强的散射光照射所形成的影像，称为本影；由于建筑物的遮挡，未被阳光直接照射，而只有微弱散射光照射，在建筑物背后的地面上所形成的阴暗区，即建筑物的影子，称为阴影或落影。

像片判读时阴影反映了地物的侧面形状，阴影和本影有助于增强立体感，对突出于地面的物体有重要的判读意义。特别是对于俯视面积较小而空间高度较大的独立地物，如烟囱、水塔等，仅根据它们顶部的构像形状很难识别，利用阴影进行判读则十分容易，而且可以确定其准确位置。阴影的存在对陡坎、陡崖的边线判读也很有利。

应当注意，在同一张像片上阴影具有方向一致的特点。在相邻像片上如果不是航区分界线（或不同时间补飞的航摄像片），阴影的方向也基本保持不变。突出于地面的物体在像片上的构像方向则与物体在像片上的位置有关。一般情况下阴影与构像成一定角度相交，当阴影与地物构像方向一致时，则阴影与地物构像重叠。

利用阴影特征进行判读时，一般情况下不能以阴影的大小作为判定地物大小或高低的标准。因为物体阴影的大小不仅与物体自身形状大小有关，同时还与阳光照射的角度和地面坡度有关。阳光入射的角度大，阴影小，反之则大；在其他条件相同的情况下，地面坡度大，阴影大，反之则小。

在像片判读时阴影也有不利的方面，由于阴影色调较深，使处在阴影中的地物变得模糊不清，甚至完全被遮盖，从而给判读带来困难或错误。

5. 相关位置特征

一种地物的产生、存在和发展总是和其他某些地物互相联系、互相依存，地物之间的这种相关性质称为相关位置特征，它是地物的环境位置、空间位置配置关系在像片上的反映。根据相关位置特征进行推理分析，可以解释一些难以判读的影像。在像片判读时像片上总有些地物可以直接识别出来，利用这些已经识别的地物，根据它们和周围地物的关系可以找到某些影像不清或构像很小，甚至无影像的重要地物，从而判定它们的位置和性质。

例如，铁路、公路与小溪、沟谷的交叉处一般总有桥梁或涵洞；渡口与两侧的道路，采石场与石灰窑，学校与运动场，火车站与站房、站台、信号灯等，都有不可分割的联系。又如，草原、沙漠中发现有几条小路通向同一个点状地物，可以判定这里可能有水源。

6. 纹理特征

细小的地物，如一根草、一株棉、一棵树在航摄像片上很难成像或即使成像也没有明显的形状可供判读。但成片分布的细小地物在像片上成像可以形成有规律的重复，使影像在平滑程度、颗粒大小、色调深浅、花纹变化等方面表示出明显的规律，这就是纹理特征。纹理特征是地物成群分布时的形状、大小、性质、阴影、分布密度等因素的综合体现，因此每一种地物都有自己独特的纹理特征。利用纹理特征可以区分阔叶树林与针叶林，树林与草地，稻田与棉花地，菜地与旱地，树林与灌木林、竹林等。

7. 图案结构特征

如果说纹理特征是指地物成群分布时无规律的集聚所表现出的群体特征，那么地物有规律的分布所表现出的群体特征就称为图案结构特征。如经济林与树林都是由众多的树木组成，但它们的空间排列形状都有明显差别。天然生长的树林其分布状况是自然选择的结果，而人工栽种的经济林则是经过人工规划的，其行距、株距都有一定的尺寸。有经验的农艺师甚至可以根据图案结构的微小差异区分各种经济林的性质。

8. 色彩特征

色彩特征只适用于彩色像片。在彩色像片上各种不同物体反射不同波长的能量（地物的波谱特性），像片影像以不同颜色反映物体特征。判读时不仅可以从彩色色调区分地物，而且可以从不同颜色区分地物，因此具有更好的判读效果。

9. 活动特征

活动特征是指判读目标的活动所形成的征候在像片上反映。工厂生产时烟囱排烟、大河流中船舶行驶时的浪花、坦克在地面活动后留下的履带痕迹、污水向河流中的排放量等，都是目标活动的征候，是判读的重要依据。

对地物进行判读不可能只用一种特征，只有根据实际情况综合运用上述各种判读特征才能取得较满意的判读效果。应当指出，只有具备丰富的经验和知识才能表现出较高的判读水平。

三、野外判读的经验和方法

到实地判读，初学者最好选择地物比较简单、像片比例尺较大的航摄像片练习。因为像片比例尺大，判读特征在像片上就表现得比较明显。地物简单，判读比较容易，对掌握基本判读方法有利。以后像片比例尺可以逐步由大到小，地物可由简到繁，逐渐提高判读技术。

（1）选好判读时的站立位置　判读时，判读人员要选好立足点，选在易判读的明显地物点上，尽可能站在判读范围内比较高的地方。

（2）确定像片方位　确定像片方位就是要求像片方向和实地方向一致，以便判读地物方向和相关位置。

（3）判读地物、地貌元素　像片判读最终的目的是判读航测成图所需的地物、地貌元素，在像片定向后即可进行。此时应注意掌握"由远到近、由易到难、由总貌到碎部、逐步推移"的方法，先判明显地物，再判不明显地物，寻找判读目标的准确位置。

（4）走路过程中的判读　全野外判读更多的时候是在走路过程中进行，即边走边判读。尤其是在地物密集的地区，到处都分布着需要判读的目标，这时就应注意"看、听、想、记"相结合，时时掌握自己在像片上的相应位置，随时将判定的地物在调绘片上标明，并对判读结果采用相关位置特征及比例尺核对实际距离进行检核，才能取到良好的判读效果。

（5）勤看立体，随时检核　看立体是帮助判读的重要手段，立体模型可以使需要判读的地物显得更清楚、更生动，对比感更强。应当指出，由于地物众多，地形千变万化，判读中出现错判的事时有发生，因此在判读过程中要经常检查，从多方面推判，直到确信无误为止。

总之，野外判读是一项复杂、细致、责任重大、技术性很强的工作，要求从事这项工作的专业人员，不但要有很好的技术水平，而且要有优良的思想素质。

四、各类地形元素的判读

航摄像片包含丰富的地表信息，全面反映了所摄地区的真实情况。本部分根据航摄像片的影像特征、构像规律，介绍几种地形元素的辨认与判读方法。

1. 水体判读

水体判读的主要依据是影像的色调和形状特征。水体影像的色调深浅变化较大，它与水体深浅、混浊程度、水面悬浮物以及拍摄瞬间的光照条件有关。

（1）河流判读 在航空像片上，河流常表现为界限明显、自然弯曲、宽窄不一的带状。河流上常有堤坝、桥梁、船舶和码头等人工建筑物，这些均可以作为分析判读河流的辅助依据。平原或高原地区的河流一般弯曲较大，色调暗而均匀。山区河流往往弯曲较小，流速较大，色调相对较浅，特别在急流浅滩处，浪花四溅，可能会出现白或灰白的色调。通过立体观察、直接量测等辅助手段，还可以在航空像片上对河流流向、河宽以及是否通航等情况进行判读。

（2）湖泊判读 湖泊在像片上一般表现为均匀的深色调，其湖岸线呈自然弯曲的闭合曲线，轮廓较为明显。但当湖泊中生有水草和其他植物时，边界一般变得模糊，色调也较紊乱。

2. 地形、地貌判读

地貌判读主要运用图形、色调和阴影等判读标志。地貌影像的图形包括平面轮廓、图案以及地表高低起伏的特征。色调和阴影则可以帮助观察分析各种地貌形态，或地貌的侧面影像及其物质组成方面的信息。各种不同的水系往往与不同的地质构造、岩石类型、地貌类型有关，可以为地貌判读提供依据，所以水系判读是研究地貌及分析其形成因素的一个重要基础。

（1）地形形态判读 陆地地貌可分为山地、丘陵、盆地、高原、平原等主要类型。这些地貌形态规模较大，分布范围广，一般用小比例尺航空像片即可判读。

对于山地、丘陵，可以通过阳光照射下的向阳坡与阴坡亮度值大小、色调深浅的不同进行判读。例如山峰、山脊、谷地、地形切割程度、山体的坡度大小、山的高低、山体的形态等不同造成山地影像的色调有很大变化，利用影像色调差异、变化的快慢是否明显等进行判读；盆地的影像特征是四周被山地、高原或丘陵所围，中间则呈低平的盆状地形；平原影像的主要特征是地面平坦，色调均匀，多分布有耕地农田、居民地和道路等；高原是顶面比较平坦的宽阔高地，一般影像色调较浅，且较均匀。高原被沟谷切割的部分影像色调有深有浅（沟谷分布走向不同所致），阴影呈带状。

（2）流水地貌判读 地表流水是地貌的主要外力作用之一，由于地表流水的侵蚀、搬运和沉积，使地面上形成各种各样的侵蚀沟谷等流水地貌。流水地貌分布广，其影像特征随着气候条件、地域环境、地势高低、植被类型以及人类活动的特点而有所不同。因此，应结合各种地理环境因素进行具体判读和分析。

流水地貌判读的内容有：沟谷、河漫滩和阶地、河床、冲积滩和洪积扇等。

（3）黄土地貌判读 黄土地貌在我国以黄河中游地区黄土高原最为典型。黄土由于质地均匀一致、结构疏松、垂直节理发育等特点，形成了黄土地貌独特的景观，其特点是地形破碎，沟谷密集，形态多样。在航空像片上呈现均匀浅灰色调的密集树枝状图案。

黄土地貌的形态较为特殊，它以沟谷与沟间地为其主要地貌形态，沟间地可以从形态上分为塬、梁、峁等类型。黄土地貌的判读应从黄土地貌独特的形态出发，结合航空像片上影像的色调、阴影及其图案的表现，特别是结合在立体镜下的观察来进行。在黄土斜坡上常挖有可居住的窑洞，村庄呈立体型，这也是判读黄土地貌的重要标志。

（4）喀斯特地貌判读　喀斯特（石灰岩溶）地貌发育在碳酸盐岩等可溶性岩石广泛分布地区。我国喀斯特地貌分布广泛，以广西、贵州和云南最为普遍。喀斯特地貌的特点是微地貌特别发育，正负地形互相交替，地形显得杂乱无序。在喀斯特地貌地区，常有孤峰和峰林、溶蚀漏斗、落水洞、溶蚀洼地、溶蚀盆地、伏流、盲谷等独特的地貌形态。影像中分布的各种呈圆形和椭圆形的漏斗，其间填充着色调较浅的松散沉积物，分布的孤峰、峰林和溶蚀洼地等所构成黑白色调交替、杂乱的图案，以及喀斯特地貌常见的伏流和盲谷都是判读喀斯特地貌的重要标志。

（5）风成地貌判读　由于风的侵蚀搬运和堆积形成风成地貌类型。砾漠即戈壁滩，其特点是地表比较平坦，几乎完全为砾石和石块所覆盖，居民地很少。所以，在像片上表现为均一的浅色调，夹杂着一些稀疏的蒿草所形成的黑色斑点。

沙漠在像片上也表现为均匀的浅色调。沙漠上多分布着各种类型的沙丘。在判读沙丘时，首先辨认出活动沙丘和固定沙丘。活动沙丘色调浅、峰脊线尖锐、清晰，平面形状比较规则；固定沙丘生长有植物，色调较暗，峰顶浑圆，平面形态较为紊乱。随着所处的自然条件不同，沙丘又可分为新月形沙丘、金字塔状沙丘、蜂窝状沙丘以及纵向沙垄和横向沙丘等。新月形沙丘由单向风造成，其形似新月，向风坡长而缓，背风坡短而陡，两面不对称，色调也不一致。金字塔状沙丘呈角锥状。蜂窝状沙丘呈盾形或圆形，丘间为碟状洼地，起伏和缓。有时新月形沙丘相互连接而形成横向沙垄，其排列方向垂直于主导风向，而且两坡不对称。纵向沙垄平行于风向，横断面常呈梯形或三角形，往往有若干条平行排列。

（6）火山地貌判读　火山是由熔岩或火山碎屑岩构成的锥状地形，其影像一般呈锥形山体，具有放射状水系或冲沟。年轻火山能保持完整的火山口，有时积水形成火山口湖。古火山经长期侵蚀破坏，一般仍能表现出残留的环状山形的影像。火山常沿一定方向成群出现，反映了断裂的延伸方向。火山喷出熔岩形成的熔岩台地，色调比较均匀。色调的深浅多与熔岩性质有关，酸性熔岩台地色调较浅，表面多为崎岖的渣块状；基性熔岩台地色调较深，表面光滑，有时有绳状流动构造。

3. 植被和土质判读

（1）植被判读　植被判读中，形状、色调、大小、阴影及图案等是主要的判读标志。由于植被是随季节而变化的，所以判读标志也是变化的和不稳定的。就以植被的色调来说，随着季节的不同，色调有显著变化。常绿树终年常青，影像色调变化不大；而草植物和落叶树则夏绿秋黄，影像色调夏深而秋浅。另外落叶树的树冠和阴影形状，随着季节的不同，也有相应的变化。所以在进行判读时，应注意植被的物候特征。

（2）土质判读　土质判读是根据航空像片上反映出的影像特征，确定各种土质类型、形状和分布范围，为土壤调查制图和土壤利用改良提供所需要的资料。

土质没有一定的几何形状，且往往被植被覆盖，使之不能直接反映在像片上，即使是裸露土壤，像片上反映的也只是土壤的表面，而不是土壤的垂直剖面，所以在像片上直接判读土壤比较困难。但由于不同土质类型具有不同的物理形状和化学成分以及不同的光谱特性，另外任何现象都与周围环境有着密切联系，因此，我们仍可以通过自然环境分析，间接地识别和分析土壤，进行判读。

土质类型判读主要利用色调和图案两个标志。土质色调的深浅与土壤有机质含量、土壤湿度大小和质地粗细有关。有机质含量高、湿度大，质地细的土壤色调较深；反之，色调较浅。不同的土质类型，其影像的图案不尽相同，例如菜地和水田可利用不同影像图案特征，把菜园、稻田和旱地分开。在进行土质判读时，要全面分析影像特征，充分利用各种判读标志，相互补充，相互对照，才能取得较好的判读效果。

4. 居民地与道路的判读

（1）居民地判读　居民地常分为城市、集镇和乡村三种类型，在各种比例尺的航空像片上一般都较容易识别。城市的特点是面积大，房屋周密，除有广大居住区分布外，还有工厂、商业区、学校、公园等建筑。城市大都位于交通道路的交汇点，有的位于江、河、湖、海之畔，亦有码头和桥梁等建筑与之配套，这些标志在像片上反映得都较清楚。

集镇一般分布在公路和铁路沿线。集镇面积比城市小，街道窄且不太规则，尚未形成一定的平面图形结构。集镇也有一些工厂和学校，而且往往有几条主要大街形成商业区，周围有农田和菜地分布。

（2）道路判读　在像片上可以根据路面宽度、色调和形状进行判读。铁路在航空像片上一般为深灰色调，呈线状延伸，转弯较平滑均匀。无论公路还是大路一般为近似垂直交叉通过铁路。

公路与铁路的影像图形相似，均为线状，但公路转弯较急，曲率半径小，与乡村大路相交不一定成直角。公路影像的色调从浅灰到深灰，差别很大，这是由于路面材料不同造成的。等外公路为砂石路面时，色调较浅，沥青路面一般为深灰色。公路的级别可根据线形的平顺程度，路面的色调、宽窄，与其他公路相交时是否采用立体交叉，路上的防护设施，桥梁、隧道的规模等来进行判读。

乡村道路的影像多为浅灰色或白色的线条，宽窄不一，边缘往往不清晰。乡村大路，在经过规划的地区时多为直线或折线状，在山区则多为曲线。农村小路影像常为浅色的细线。

第二节　像片调绘的基础知识

一、概述

调绘采用的形式主要有像片调绘、线划回放纸图调绘和数字影像及数字线划地图调绘三种。

1. 像片调绘

像片调绘，就是在对航摄像片上的影像信息进行判读的基础上，对各类地形元素及地理名称、行政区划名称，按照一定的原则进行综合取舍，并进行调查、询问、量测，然后以相应的图式符号、注记进行表示或直接在数字影像上进行矢量化编辑转绘，为航测成图提供基础信息资料的工作。

像片调绘在航测成图过程中的地位非常重要，是航测外业的主要工作之一，像片的调绘成果是内业测图的基础资料，是内业测绘地物元素（包括不能用等高线表示的地貌元素）的主要依据。调绘的内容如果有差错，内业是难以纠正和发现的，这些错误往往会带到正式出版的地图中，影响十分严重。因此在像片调绘时必须认真负责，一丝不苟，以确保成图质量。

像片调绘不同于前面所讲的像片判读。像片判读只是研究如何根据像片影像和其他资料识别、区分各种地形元素；而像片调绘根据需要不仅要求能够表示从影像上判读出的某些元素，而且还要求能表示某些不能从影像上判读或者根本没有影像的无形元素，比如境界、地理名称等。

像片调绘的内容主要包括像片调绘前的准备工作，像片判读，地物、地貌元素的综合取舍，调查有关情况和量测有关数据，补测新增地物，像片着墨清绘，复查，接边，检查验收等。

2. 线划回放纸图调绘

采用线划回放纸图的调绘，主要是为了保证数学精度和地理精度而进行的调绘、核查、补绘，该调绘形式是首先在内业根据像片控制点进行数字立体测图定位，然后将所测数字图（有少部分已利用经验定性）在绘图机上回放（喷绘或打印）出来，再到实地对所绘地物、地貌元素进行定性、核实、地理名称的调绘、补测隐蔽地物和新增地物、修改以及图幅名称的确定等，并且在测区进行清绘或编辑工作。

回放纸图有两种形式，一种是在线划图上有叠加影像，另一种没有叠加影像，调绘时可配合航摄像片进行。

应当指出，内业在所建立的立体模型上进行数据采集时，依比例尺表示的地物测出其范围，不依比例表示的地物测出其中心位置，按模型能定性质的地物、地貌元素用相应的符号表示，对影像清楚的地物、地貌元素应全部准确无遗漏地采集，对立体影像不够清晰的地物、地貌元素应尽可能地采集，并需做出标记，以便提醒外业调绘人员注意其位置的核实及补绘，地物应以可见地物的外部轮廓为准，地貌用等高线、高程注记和地貌符号表示。对密集植被覆盖的地表，当只能沿植被表面描绘时，外业应加植被高度改正，在林木密集隐蔽地区，应依据野外高程点和立体模型进行测绘。

（1）数学精度的核查、补绘　用仪器（全站仪、皮尺、水准仪、GNSS-RTK 等）对线划图的平面、高程精度进行足够程度的抽样检核，确保调绘工作在合格的内业成果图上进行。对于超限的产品要分析原因，必要时可追溯到上道工序，对于批量性的超限产品，应分析空三加密成果的精度，必要时对此类区域由外业进行平高全野外控制测量后，内业在重建的立体模型下重新测量。对于所检核图的地物点对邻近野外控制点的平面位置中误差要求：平地、丘陵地不超过 ±0.5mm，山地、高山地不超过 ±0.75mm。

（2）地理精度的调绘　地理景观要素方面的调绘应系统地对地物、地貌要素进行定性调绘，做到图面清晰易懂，综合取舍合理。确定图名时，图名应选取图幅内较大或较重要的单位、村庄。图内没有较大单位、村庄，图名比较难选时，可以只标注图号，并且全测区的图名不得重复。

对于内业采集数据的差、错、漏，即对图面上缺少、变化和内业处理不合理甚至错误的内容及时补调和修改，外业调绘时一定要处理清楚。对于新增地物、地貌要实测补绘。

（3）线划回放纸图调绘的特点　利用检核合格后的线划回放纸图进行调绘、补绘，具有以下显著特点：

1）由于图上比例尺一致，可以保证地物、地貌的数学精度。

2）调绘的目的性很强。

3）节省开支、减少消耗，减少野外工作量，提高调绘的工作效率。

4）在测区可直接成图（DLG）。

但是由于所用回放图缺少地物属性符号、注记，直观性不强，调绘人员应具备一定的判图基础。

3. 数字影像及数字线划地图调绘

数字影像及数字线划地图调绘指的是利用安装有有关程序、符号库和测区数字影像或数字线划地图（DLG）的笔记本计算机或手持计算机（PDA）在实地直接实现数字化编辑的调绘技术。技术要求与像片调绘相同。

优点：数字影像放大、缩小方便，提高判绘精度，符号绘制标准，实地绘制，实现调绘数字化，省去手工清绘的烦恼。利用PDA调绘还可进行GNSS定位和通信。

缺点：采用笔记本计算机实地调绘，主要存在电池难以保证长时间作业，计算机显示屏对着阳光看不清楚的问题；利用PDA调绘，显示屏幕尺寸有限，不便观察调绘范围的总貌和进行立体观察，存储空间有限，难以装载更多的数字影像，外业调绘人员人手一台，代价较大。

4. 调绘应满足的基本要求

无论采用何种调绘形式，均应保证调绘的质量，调绘应满足以下基本要求：

（1）准确性　要求所调绘的地物、地貌元素位置准确，性质和特征准确，道路等级的划分准确，描绘地物的方向准确，调查的地理名称准确，补测的新增地物准确以及量测的各种数据准确，清绘的符号、线划准确等，以确保地形图的数学精度和地理精度。

所谓数学精度，就是地形图表示的各种可供量测的地形元素所存在的几何误差（包括平面位置和高程位置误差）。这些误差不应超出规范的规定。

自然要素和社会经济要素在地面上的分布状况及其相互关系，称为地理景观。地理精度就是地形图上表示地理景观的准确程度或相似程度。

（2）合理协调性　要求所调绘的地物综合取舍的程度应与成图比例尺相适应，各种地物、地貌元素之间的关系处理恰当，主次分明，重点突出，能合理、真实地反映实地的地理景观。

（3）完整性　所有规范规定必须上交的资料，包括像片资料、检查验收资料、抄写资料、图历表等，均应一项不缺地整理上交；凡地形图所要求表示的内容都不能有所遗漏；凡规范、图式要求量注的数据都必须全部量注；规定应填应绘的图表均应按规定填绘；而且必须按规定进行检查验收，在确保成果完整、符合要求时才可上交。

（4）统一性　要求像片调绘所使用的图式版本、规范要统一，简化符号要统一，同地物的表示方法要统一，符号、说明、注记等使用的颜色要统一，说明、注记、像片编号的格式要统一。

（5）明确、清晰性

1）明确：指地物的性质明确，地名注记位置的指向明确，道路走向明确，地物与地物、地物与地貌之间的关系明确。

2）清晰：指图面所表示的地形元素综合取舍恰当，主次分明，重要元素表示突出；图面上负载量合理；地物、地貌元素之间的关系处理得当，均能清楚地区分；图面的整饰清楚，各种线划符号的形状、大小、粗细均符合有关规定；线条流畅，字体端正，数字清楚，给人以清新悦目的感觉。

以上所说的五点要求，归纳起来就是调绘应满足必需的数学精度、地理精度和整饰精度。一般对调绘像片，在整饰方面可适当放宽，只要图面表示位置准确、符号正确、清晰易读就可以了。

二、图式符号的运用

1. 图式符号的意义

航摄像片虽然摄取了地物、地貌的影像，但是这些影像都是用深浅不同的色调表示的，如果直接将航摄像片作为地形图使用，仅从图面表示情况看，是很不方便、很不准确的。因此，地形图必须采用不同的点、线和图形等图式符号，以表示地面物体的位置、形状和大小，并且反映各种物体的数量和质量特征及相互关系。用图式符号表示各类地形元素有以下优点：

1）概念明确。地形图上每一种图式符号都有明确的含义，根据相应符号即可判明地物的形状、大小、性质、位置、质量、数量以及分布情况等内容。

2）清晰易读。

3）能突出表示重要的地形元素。

4）能表示无形元素。所谓无形元素是指地面上看不见而地形图上又需要表示的元素，如境界、地理名称、渡口、徒涉场以及实际上被遮盖看不到影像的地物等。无形元素在航摄像片上没有相应的影像，采用图式符号能有效地表示它们。

由此可见，图式符号是绘制地形图和使用地形图的重要工具，也是测绘工作者和用户之间交换地形信息的图形语言，绘图和识图都必须正确掌握和运用这种语言工具。

2. 图式符号制定原则

了解图式符号制定的原则，有助于正确运用图式符号表达地形图所需要的内容。制定图式符号的基本原则是：图式符号应保证满足地形图必需的精度要求；图式符号应选用合适的尺寸；图式符号的图形应与实际地物之间有某些相似之处；符号与符号之间应有明显区别；符号的图形必须尽可能简单；符号的种类不宜过多，以减少识图、绘图的困难；选取与地物相近的颜色来绘制符号；符号应具有统一性。

图上的文字与数字注记不是符号，但都是地形图必需的要素。使用文字和数字注记，是为了补充描述符号的意义。

3. 地形图图式符号的分类

图式符号的种类很多，形状各异，为便于记忆和查找对符号进行了以下分类：

（1）根据物体的性质分类　根据物体的性质，包括注记在内，可将地形图图式符号分为十大类，即测量控制点，水系及附属设施，居民地及垣栅，工矿建筑物、公共设施与独立地物，道路及附属设施，管线及设施，境界，地貌，植被及土质，注记。

（2）根据地形元素在图上的表示情况分类

1）依比例尺符号。这种符号的形状、大小是根据地面物体的实际形状按像片比例尺或成图比例尺缩小以后的尺寸进行描绘的，即实际的物体是什么形状（指俯视图形形状）就绘制什么形状。

依比例尺符号，一般用于表示在图上占有较大面积的地物、地貌元素。能较全面反映地物、地貌元素的主要特征，如轮廓形状、位置、大小、性质、数量、质量等。

依比例尺符号的轮廓线有实线、虚线和点线之分，轮廓范围内则按物体的种类与特性，加绘相应的符号及说明注记来表示。

2）半依比例尺符号。这种符号的长度是依比例尺表示的，宽度是按图式规定的标准表示的。

3）不依比例尺符号。这种符号的形状、大小应按图式规定的标准描绘，与实际物体的形状、大小无关。它只能表示物体的位置、性质（有的还能表示方向），而不能表示物体实际的形状和大小。

在实际运用时，应注意上述三种类型符号与测图比例尺有密切关系。同一地物，在大比例尺测图时，须用依比例尺符号，而在小比例尺测图时又可能要用不依比例尺或半依比例尺符号。因此要以相应的图式的规定为准。一般情况下，测图比例尺越大，采用依比例尺符号越多；测图比例尺越小，采用不依比例尺或半依比例尺符号越多。

4. 符号的定位

所谓符号定位，就是确定地形图图式符号与实地相应物体之间位置关系的过程。也就是要明确规定出，符号的哪一点代表实地相应物体的中心点，哪条线代表实地相应物体的中心线或外部轮廓线。这样才能准确知道实地物体在地形图上的位置。

5. 符号的方向与配置

在图上描绘符号时，一般分为真方向符号和规定方向符号。

（1）真方向符号　这类符号描绘的方向要求与实地地物的方向一致。依比例尺和半依比例尺表示的符号都是真方位描绘，如旱地、水田、河流、道路等。不依比例表示的地物符号有些也必须真方位描绘，如小独立房屋、窑洞、山洞、泉、牌坊、彩门等。但城楼、城门符号要求垂直于城墙方向，向城墙外描绘。

（2）规定方向符号　规定方向符号是指符号描绘的方向不随地物的方向而改变。

1）始终垂直于南北图廓线描绘，符号上方指北，如水塔、烟囱、庙宇、亭子、独立树等。

2）与南图廓线成45°角，如石灰岩溶斗符号、超高层房屋符号晕线等。

3）按光线法则要求表示，如陡石山等。

4）按风向表示，如新月形沙丘。

清绘时一定要事先从图式中查明符号的方向有什么要求，否则会因为符号方向的错误使人无法理解或得出错误的结论。

（3）符号的配置　土质和植被符号，根据其排列形式有三种情况。

1）整列式。按一定行列配置，如苗圃、草地、经济林等。

2）散列式。不按一定行列配置，如小草丘地、灌木林、石块地等。

3）相应式。按实地的疏密或位置表示符号，如疏林、零星树等。表示符号时应注意显示其分布特征。

整列式排列的一般按图示表示的间隔配置符号，面积较大时，符号间隔可放大1~3倍。在能表示清楚的原则下，可采用注记的方法表示。

配置是指所使用的符号为说明性符号，不具有定位意义。在地物分布范围内散列或整列式布列符号，用于表示面状地物的类别。

6. 符号的使用方法与要求

1）图式符号除特殊标注外，一般实线表示建筑物、构筑物的外轮廓与地面的交线（除桥梁、坝、水闸、架空管线外），虚线表示地下部分或架空部分在地面上的投影，点线表示地类范围线、地物分界线。

2）依比例尺表示的地物分以下情况：

① 地物轮廓依比例尺表示，在其轮廓内加面色，如河流等；或在其轮廓内适中位置配置不依比例尺符号作为说明。

② 面状地物其分布范围内的建筑物按相应符号表示，在其范围内适中位置配置名称注记，若图内注记容纳不下名称注记时，可在适中位置或主要建筑物位置上配置不依比例尺符号，如学校等，也可在其范围内配置说明注记简注，如饲养场等。

③ 分布界线不明显的地物，其范围线可不表示，但在其范围内配置说明性符号，如盐碱地等。

④ 相同的地物毗连成群分布，其范围依比例尺表示，可在其范围内适中位置配置不依比例尺符号，如露天设备等。

3）两地物相重叠时，按投影原则下层被上层遮盖的部分断开，上层保持完整。

4）各种符号尺寸是按地形图内容为中等密度的图幅规定的。为了使地形图清晰易读，除允许符号交叉和结合表示之外，各符号之间的间隔（包括轮廓线与所配置的不依比例尺符号之间的间隔）一般不应小于 0.12mm。如果某些地区的密度过大，图上不能容纳时，允许将符号的尺寸略为缩小（缩小率不大于 0.8）或移动次要地物符号。双线表示的线状地物其符号间距很近时，可采用共线表示。

5）实地上有些建筑物、构筑物，图式中未规定符号，又不便归类表示者，可表示该物体的轮廓图形或范围，并加注说明。地物轮廓图形线用 0.12mm 实线表示，地物分布范围线、地类界线用地类界符号表示。

6）在图式的植被和土质符号中，以点线框者，指示应以地类界符号表示实地范围线；以实线框者，指示不表示范围线，只在范围内配置符号。

7）符号旁的宽度、深度、比高等数字注记，小于 3m 的，标注至 0.1m；大于 3m 的，标注至整米。

三、调绘的综合取舍

1. 综合取舍的概念

所谓综合，就是根据一定的原则，在保持地物原有的性质、结构、密度和分布状况等主要特征不变的情况下，对某些地物分不同情况，进行形状和数量上的概括；所谓取舍，就是根据测制地形图的需要，在进行调绘过程中，选取某些地物、地貌元素进行表示，而舍去另一些地物、地貌元素不表示。因此，综合取舍的过程就是不断对地面物体进行选择和概括的过程。

综合还包括两层意思：一是将许多同性质而又连接在一起的某些地物，如房屋、稻田、旱地、树林等聚集在一起，不再表示它们单个的特征，而是合并表示它们总的形状和数量；二是在许多同性质的地物中，还存在某些个别的地物。如稻田中有小块旱地，毗连成片的房屋中还有小块空地等，这些地物如果被舍去，意味着已经将它们合并在周围的多数地物中，改变了它们原有的性质，这也是综合；这些地物如果被选取（如稻田中的小块旱地比较大，有一定目标作用，应单独表示），则意味着它应从周围地物中分离出来，不能综合。因此综合取舍的概念往往又是联系在一起的，综合过程中有取舍，而取舍过程中也有综合，不要孤立地看待它们。

2. 综合取舍的目的

地面上的地物很多，要将全部地物都表示在缩小千倍、万倍甚至几十万倍的图纸上是不可能的。因为在这种情况下，许多地物都要扩大以后才能在图面上表现出来，加上图面的各种注记也要占据一定的面积，这样就会造成表示内容所需要的图幅面积超出图幅的承受能力，也就是说地形图在表示地面物体时不能超出图面的信息承受能力，必须对地面物体进行有选择性的表示。

综合取舍的目的是：用合理的表示方法，使地形图描述的地表状况具有主次分明的特点，保证重要地物的准确描绘和突出显示，反映地区的真实形态，从而使地形图更有效地为国民经济建设服务。

3. 综合取舍的原则

综合取舍是调绘过程中比较复杂，比较难掌握的一项技术。有的地物可以综合，如毗连成片的房屋、稻田、树木。有的地物又不能综合，如道路、河流、桥梁。同一地物在某种情况下可以综合，如房屋毗连成片；而在另外某些种情况下又不能综合，如房屋分散或整齐排列。同一地物在有些地区应该表示，如小路在道路稀少的地区应尽量表示；而在另外某些地区则可以舍去或者选择表示，如道路密集的地区。运用综合取舍进行调绘，应遵循以下原则：

（1）根据地形元素在经济建设中的重要作用　地形图主要是服务于国民经济建设的，因此地形图所表现的内容也应该服从这一主题。凡是在经济建设中有重要作用的地形元素，就是调绘时选择表示的主要对象。

（2）根据地形元素分布的密度　地形元素的作用在一定条件下也有相对性。调绘时要根据地形元素分布的密度考虑综合取舍问题。一般情况是，某一类地物分布较多时，综合取舍幅度可大一些，即可适当多舍去一些质量较次的同类地物；反之，综合取舍幅度就应小一些，即尽量少舍多取或进行较小的综合。

（3）根据地区的特征　在根据地形元素分布密度进行综合取舍的同时，还要注意反映实地地物分布的特征，否则就会使地形图表现的情况与实地不符，面貌失真，降低地形图的使用价值。

（4）根据成图比例尺的大小　成图比例尺越大，图面的承受能力也越大，用图部门对图面表示内容的要求也越高，图面就应该有条件表示得详尽一些，因此，调绘中，综合取舍的幅度就应小一些，即多取、少舍、少综合；反之，成图比例尺越小，综合取舍的幅度就可以大些，即可以相对地多舍、多综合一些地形元素。

（5）根据用图部门对地形图的不同要求　不同专业部门对地形图所表示的内容以及表示的详尽程度也有不同要求。调绘时可根据不同的要求决定综合取舍的内容和程度。

在正确运用以上原则的基础上，还必须结合规范、图式的有关规定和实际情况，决不能照套照搬，采取统一的模式。总之，经过综合取舍要求能达到图面清晰、负载合理、重点突出、主次分明，能全面反映该地区的地理特征的目的。

四、像片调绘的准备工作

在进行调绘以前，必须做好调绘像片的准备工作，调绘面积的划分，拟订调绘计划，工具及用品的准备等工作。

1. 调绘像片的准备

（1）选择最清晰的像片作为调绘像片 同时检查像片影像的质量、像片比例尺是否符合调绘的一般要求，最好的办法是看各种依比例尺表示的地物是否能清楚地在像片上描绘；如果像片比例尺太小，可申请放大。

（2）航摄像片比较光滑，调绘时不易着铅、着墨 调绘前应对像片进行适当处理。一般的方法是用沙橡皮（即硬橡皮）在像片的正面适当用力来回擦拭，直到能清楚着铅为止，但注意不要擦坏影像。

2. 调绘面积的划分

调绘面积是指一张调绘像片进行调绘的有效工作范围。因为一幅图包括若干张航摄像片，而且像片之间又有一定重叠，这就存在调绘像片之间的接边问题，必然要划分工作范围。这是调绘之前要进行的重要工作。

像片调绘面积的划分有以下要求：

1）调绘面积以调绘面积线标定。为了充分利用像片，减少接边工作量，在正常情况下，要求采用隔号像片作为调绘像片来描绘调绘面积线。

2）调绘面积线绘在隔号像片的航向和旁向重叠中线附近，调绘面积线离开像片边缘1cm以上，不允许有漏洞或重叠。

3）调绘面积线应避免分割居民地和重要地物，并不得与线状地物相重合。

4）当采用全野外布点时，调绘面积的四个角顶应在四角的像片控制点附近，且尽可能一致。偏离控制点连线不应大于1cm。

5）调绘面积线在平坦地区一般绘成直线或折线；在丘陵地和山地，则要求像片的东、南边绘成直线或折线，像片的西、北边根据邻片相应的直线或折线在立体观察下转绘，由于投影差的影响其直线或折线绘成曲线。

6）图幅边缘的调绘面积线，如为同期作业图幅接边，可不考虑图廓线的位置，仍按上述方法绘出，以不产生漏洞为原则；如为自由图边，实际调绘时应调出图廓线外1cm，以保证图幅满幅和接边不发生问题。

7）图幅之间的调绘面积线用红色，图幅内部用蓝色，并以相应颜色在调绘面积线外注明与邻幅或邻片接边的图号、片号，这样要求主要是为了便于区分和查找相邻调绘像片。

3. 拟订调绘计划

如果第二天准备调绘某一张像片，事先应有一个小计划。所谓小计划就是通过对像片进行立体观察，结合旧图和其他有关资料，对调绘地区进行初步分析；并在分析的基础上考虑安排第二天调绘的范围，调绘的路线、重点以及调绘中应注意解决的问题。

进行初步分析主要是指掌握调绘区域的地形特征。如居民地的分布及类型特征，水系、道路、植被、地貌、境界以及地理名称的分布情况及表现情况等。初步掌握这些情况后，就可以估计调绘的困难程度，调绘的重点应放在哪里，调绘的路线应如何安排，调绘中可能出现哪些问题。

调绘路线的选择也要灵活。目的只有一个，在保证所有地方都跑到，全面完成调绘工作的情况下，尽量少走路，节省时间，提高工作效率。调绘路线主要是根据地形情况和调绘重点进行选择，具体如下：

1）平地：居民地多，应沿着连接居民地的道路进行调绘。调绘路线可采用S形或梅花形，但沙漠、草原、沼泽等人烟稀少的平坦地区，应沿着主要道路进行调绘。

2）丘陵地：居民地一般多在山沟内，调绘时主要是跟着山沟转。但有时为了走近路，或者调绘山脊上面某些地物，也要穿过某些山脊，因为丘陵地山都不高，调绘有更多的灵活性。

3）山地：一般采用分层调绘的方法，即先沿沟底，再上山坡，一层调完再上更高一层，直到一条大沟调绘完再转到另一条大沟。

大城市、大厂矿、机关等大居民地应先调外围，再进到里面分块调绘。调绘范围内如果有铁路、公路和较大的河流，一般应作为调绘路线，沿线调绘。调绘是比较复杂的工作，事先必须把问题想得多一些，计划安排得周到一些，这样才会取得好的调绘效果。如果是一个作业组，还应考虑整个组完成全部调绘任务的总体计划。

4. 工具及用品的准备

调绘的工具也应考虑周到。除调绘像片外还应带上配立体的像片、像片夹、旧图、立体镜、铅笔、小刀、砂纸、橡皮、钢笔、草稿纸、皮尺或其他方便的量测工具，挎包、刺点针以及其他必要的安全防护用品，如草帽、药品等。

五、线划回放纸图的调绘准备

1. 资料准备

主要包括：任务书，测区概况、踏勘资料，技术设计书，控制成果，测区像片，内业测图检查报告，技术报告，规范、图式。

2. 回放纸图、数字线划地图数据及图形文件准备

主要包括：了解图纸与喷墨是否防水，图纸回放打印，图纸数量与打印质量检查，回放纸图数学精度检查，数字线划地图数据及图形文件拷贝。

3. 制订调绘计划

主要内容：人员安排与组织，工作量计算与任务分配，完成任务时间安排，通信联络方式，调绘重点的确定，调绘路线的确定，接边安排，检查成果和上交成果时间。

4. 器材、用品准备

主要包括：室内编辑转绘用计算机，打印机，耗材，野外用图板，立体镜、补测及检查用仪器设备，钢尺或皮尺、钢卷尺，工具包，绘图用的细水笔（黑、红、蓝、绿、棕色），铅笔、三角板、记录纸张、聚酯薄膜、透明纸张，记录手簿，交通工具，通信器材，防护用品、用具、药品等。

六、调绘应注意的问题

野外调绘是获得调绘成果的重要基础，必须扎扎实实做好这一工作。为此在野外调绘中，应注意以下问题：

1. 注意采用远看近判的调绘方法

所谓远看，就是调绘时不但要调绘站立点附近的地物，而且要随时注意观察远处的情况。因为有些地物，如烟囱、独立树、高大的楼房，从远处观察十分明显突出，到近处时往往由于地形或其他地物的阻挡，反而看不清或感觉不出它们的重要目标作用。另外有些地物，如面积较大的树林、稻田、旱地、水库等，从远处观察，容易看清它们的总貌、轮廓，便于勾绘。

但是，有些地物远处看到却不能判定准确位置，必须在近处才能仔细判读它们的位置。因此调绘独立地物往往采用远看近判相结合的调绘方法。

2. 注意以线带面的调绘方法

以线带面就是调绘时以调绘路线为骨干，沿调绘路线两侧一定范围内的地物，都要同时调绘，走过一条线，调绘出一片。

3. 着铅（着墨）要仔细、准确、清楚

着铅（着墨）是调绘过程中最重要的记忆方式。它是在准确判读和进行综合取舍后记录在像片或透明纸上的野外调绘成果，是室内清绘的主要依据，因此必须仔细、准确、清楚。像片上有清晰影像的地形元素应按影像准确绘出其最大位移差，不得大于像片上 0.2mm。

4. 调绘中要注意培养"三清、四到"的良好习惯

"三清"就是站站清、天天清、幅幅清。清有清楚、清绘、清晰之意。站站清是调绘一处就把这里的问题全部搞清楚；天天清是当天调绘的内容当天全部搞清楚，清绘（编辑）完；幅幅清是所调绘的每幅图的内容全部搞清楚，清绘（编辑）完。

"四到"指跑到、看到、问到、画到。其总目标是看清、问清、画准，因此，只要看清、问清、画准、记准了，也就达到了"四到"及"三清"的要求。

5. 注意依靠群众，多询问、多分析

调绘过程中有许多情况必须向当地群众询问、调查以获得重要的绘图依据。如地名、政区界线、地物的季节性变化、某些植物的名称、隐蔽地物的位置等，都必须向当地群众调查才知道。因此依靠群众，尊重群众，向当地群众请教，是每个测绘工作人员应有的态度和重要的工作方法。

可能由于语言不通、文化水平的限制、表达能力不强等各方面的原因，在询问过程中往往出现问不清楚或说错、误解等情况。因此，为了获得准确、可靠的数据或结果，必须多询问，同时要多加分析，不要轻易作结论。

6. 注意发挥翻译向导的作用

在少数民族地区或者方言较重的地区，一般应有翻译或向导协助调绘工作，要充分发挥他们的作用。调绘方法有许多地方是很灵活的，必须在实际工作中不断总结经验充实自己，以提高作业水平。

小　结

像片判读所指的像片不仅是航摄像片，也可以是航天像片、地面摄影像片或其他特殊摄影像片；既可以是黑白像片，也可以是彩色像片、多光谱像片、红外像片、微波像片等。像片判读根据判读的目的不同可区分为地形判读和专业判读。根据判读的方法不同，像片判读又可区分为目视判读技术和计算机人机交互判读技术。目视判读又可进一步分为野外判读和室内判读。室内判读时，为了在航摄像片上根据影像识别地物，必须熟悉地面物体在像片上构像的各种图形特征和其他特征，如形状、大小、色调、阴影、相关位置、纹理、图案结构、色彩、活动等特征。

目前调绘采用的形式主要有像片调绘、线划回放纸图调绘和数字影像及数字线划地图调绘三种。无论采用何种调绘形式，均应保证调绘的质量，对调绘应满足准确性、合理协调性、完整性、统一性、明确清晰性的要求，并遵循相应的综合取舍的原则。

思考和练习

一、填空题

1. 像片判读根据判读的目的不同可区分为_____和_____。

2. 根据判读的方法不同，像片判读又可区分为_____技术和计算机人机交互判读技术。

3. 目视判读可分为_____和_____。

4. _____是主要根据物体在像片上的成像规律和可供判读的各种影像特征以及可能收集到的各种信息资料，脱离实地所进行的判读。

5. _____的主要优点是能减少野外工作量，改善工作环境，提高工作效率。

6. 室内判读的方法有：_____、_____、_____、推理法。

7. _____是对航片上呈现的某些特征明确的影像，通过直接观察确定其性质。

8. _____是将像片上特别的影像，与已知地物影像或标准航片上的影像进行比较，以判定该地物的性质。

9. _____是在同一张像片或同一地段像片上，比较各种地物的特点，以确定影像的内容。

10. _____是利用各种地物的特点和相互之间的关系，以推理和逻辑方法进行判读。

11. 野外判读的缺点是野外工作量_____，效率_____。

12. _____是指物体外轮廓所包围的空间形态。

13. 像片比例较小时，某些小地物的构像_____变得比较简单，甚至会消失。

14. _____是指地物在像片上构像所表现出的轮廓尺寸。

15. 色调的深浅用_____来表示。

16. _____是针对黑白像片而言的。

17. 地面的物体未受阳光直接照射，但有较强的散射光照射所形成的影像，称为_____。

18. 由于建筑物的遮挡，未被阳光直接照射，而只有微弱散射光照射，在建筑物背后的地面上所形成的阴暗区，称为_____。

19. 色彩特征只适用于_____像片。

20. _____就是在对航摄像片上的影像信息进行判读的基础上，进行实地调查、询问、量测，为航测成图提供基础信息资料的工作。

二、判断题

1. 由于建筑物的遮挡，未被阳光直接照射，而只有微弱散射光照射，在建筑物背后的地面上所形成的阴暗区，称为阴影或落影。（　　）

2. 相关位置特征是地物的环境位置、空间位置配置关系在像片上的反映。（　　）

3. 每一种地物都有自己独特的纹理特征。（　　）

4. 色彩特征只适用于彩色像片。（　　）

5. 像片调绘，就是在对航摄像片上的影像信息进行判读的基础上，进行实地调查、询问、量测，为航测成图提供基础信息资料的工作。（　　）

6. 像片调绘，不仅进行实地调查、询问，还进行实地量测。（　　）

7. 采用线划回放纸图的调绘，主要是为了保证数学精度和地理精度而进行的调绘、核查、补绘。（　　）

8. 调绘应满足准确性的要求。（　　）

9. 综合是将许多同性质而又连接在一起的某些地物聚集在一起，不再表示它们单个的特征，而是合并表示它们总的形状和数量。（　　）

10. 综合和取舍是完全分割的。（　　）

三、简答题

1. 简述面积线划分的要求。

2. 简述像片调绘的基本要求。

3. 简述像片调绘综合取舍的基本原则。

下　　篇
数字摄影测量

第六章

数字摄影测量产品生成

数字摄影测量的主要工作就是根据航空拍摄的像片，利用数字摄影测量工作站生成 4D 产品，即 DEM、DOM、DLG、DRG。具体包括数字影像的获取、测区建立、模型内定向、相对定向、绝对定向；核线影像生成、数字影像特征提取、数字影像线编辑和面编辑、DEM 生成；DOM 生成、拼接及修补，并完成图廓整饰；立体量测地物地貌、地物地貌注记、等高线修测、数字线划图接边、数字线划图的分幅与图廓整饰；数据格式转换、选刺 DRG 控制点、分块纠正、调整色度等工作。

第一节　数字摄影测量概述

数字摄影测量的发展起源于摄影测量自动化的实践，即利用相关技术，实现真正的自动化测图。摄影测量自动化是摄影测量工作者多年来所追求的理想。最早涉及摄影测量自动化的专利可追溯到 1930 年，但并未付诸实施。直到 1950 年，才由美国工程兵研究发展实验室与 Bausch and Lomb 光学仪器公司合作研制了第一台自动化摄影测量测图仪。当时是将像片上的灰度的变化转换成电信号，利用电子技术实现自动化。这种努力经过许多年的发展历程，先后在光学投影型、机械型或解析型仪器上实施，例如 B8-srereomat、Topomat 等。也有一些专门采用 CRT 扫描的自动摄影测量系统，如 VNAMACE、GPM 系统。与此同时，摄影测量工作者也试图将影像灰度转换成电信号再转变成数字信号（即数字影像），然后，由电子计算机实现摄影测量的自动化过程。早在 20 世纪 60 年代，第一台解析测图仪 AP-1 问世不久，美国也研制了全数字化测图系统 DAMC。其后出现了多套数字摄影测量系统，但基本都是属于数字摄影测量工作站（DPW）概念的试验系统。直到 1988 年京都国际摄影测量与遥感协会第 16 届大会上才展出了商用数字摄影测量工作站 DSP-1。尽管 DSP-1 是作为商品推出的，但实际上并没有成功地进行销售。到 1992 年 8 月在美国华盛顿第 17 届国际摄影测量与遥感大会上，才有多套较为成熟的产品展示，这表明了数字摄影测量工作站正在由试验阶段步入摄影测量的生产阶段。1996 年 7 月，在维也纳第 18 届国际摄影测量与遥感大会上，展出了十几套数字摄影测量工作站，这表明数字摄影测量工作站已进入使用阶段。

对数字摄影测量的定义，世界上主要有两种观点。

其一认为数字摄影测量是基于数字影像与摄影测量的基本原理，应用计算机技术、数字影像处理、影像匹配、模式识别等多种学科的理论与方法，提取所摄对象用数字方式表达的几何与物理信息的摄影测量学的分支学科。这种定义在美国等国家称为软拷贝摄影测量（Softcopy Photogrammetry）。中国著名摄影测量学者王之卓教授称之为全数字摄影测量（All

Digital Photogrammetry 或 Full Digital Photogrammetry）。这种定义认为，在数字摄影测量中，不仅其产品是数字的，而且其中间数据的记录以及处理的原始资料均是数字的，所处理的原始资料也是数字影像或数字化的影像。

另一种广泛的数字摄影测量定义则只强调其中间数据记录及最终产品是数字形式的，即数字摄影测量是基于摄影测量的基本原理，应用计算机技术，从影像（包括硬拷贝与数字影像或数字化影像）提取所摄对象用数字方式表达的几何与物理信息的摄影测量学的分支学科。这种定义的数字摄影测量包括计算机辅助测图（常称为数字测图系统，其是摄影测量从解析化向数字化过渡的中间产物）与影像数字化测图。

如上所述，数字摄影测量系统是由计算机视觉（其核心是影像匹配与识别）代替人的立体量测与识别，完成影像几何与物理信息的自动提取。为了让计算机能够完成这一任务，必须使用数字影像。若处理的原始资料是光学影像（即像片），则需要利用影像数字化器对其数字化。在对摄影测量自动化研究的早期，由于当时计算机的容量所限，有的系统采取对局部影像进行实时数字化的方式。

一、数字摄影测量工作站介绍

在数字摄影测量研究的早期，许多研究者在解析测图仪或坐标仪上附加影像数字化装置及影像匹配等软件，构成在线自动测图系统。这些系统只对所处理的局部影像数字化，可以不需要大容量的计算机内存与外存。例如早期的 AS-11B-X、GPM 以及 RASTAR 系统均属于此类。这些系统的共同特点是采用专门的硬件数字化相关系统，速度快，但其算法已被固化，无法修改。随着计算容量的加大和速度的加快，可以在常规民用解析测图仪上附加全部由软件实现的数字相关系统，这种在解析测图仪（或坐标仪）上加装 CCD 数字相机的系统属于混合型数字摄影测量工作站。著名的混合数字摄影测量工作站有美国的 DCCS 与日本 TOPCON 的 PI-1000。

全数字型的数字摄影测量系统是将影像完全数字化，而不是像在混合型系统中只对影像做部分数字化。这种系统无须精密光学机械部件，可集数据获取、存储、处理、管理、成果输出为一体，在单独的一套系统中即可完成所有摄影测量任务，因而有人建议把它称为"数字测图仪"。由于它可产生三维图示的形象化产品，其应用将远远超过传统摄影测量的范畴，因此人们更倾向于称其为数字摄影测量工作站（DPW）或软拷贝（Softcopy）摄影测量工作站，甚至更简单、更概括地称之为数字站。数字立体测图仪的概念是 Sarjakoski 于1981 年首先提出来的，但第一套全数字摄影测量工作站是 20 世纪 60 年代在美国建立的DAWC。20 世纪 80 年代后，由于计算机技术的飞速发展，许多数字摄影测量工作站相继建立，早期较著名的数字摄影测量工作站有：

Helava：DPW610/650/710/750；Zeiss：PHODIS；Intergraph：ImageStaion；中国适普公司：VirtuoZo 数字摄影测量工作站；北京四维远见信息技术有限公司：JX-4C 数字摄影测量工作站；武汉大学教授张祖勋研制的数字摄影测量网格 DPGrid。

1. 数字摄影测量工作站的功能

（1）影像数字化　利用高精度影像数字化仪（扫描仪）将像片（负片或正片）转化为数字影像。

（2）影像处理　使影像的亮度与反差合适、色彩适度、方位正确。

（3）量测

1）单像量测：特征提取与定位（自动单像量测）及交互量测。

2）双像量测：影像匹配（自动双像量测）及交互立体量测。

3）多像量测：多影像间的匹配（自动多像量测）及交互多影像量测。

（4）影像定向

1）内定向。在框标的半自动与自动识别与定位的基础上，利用框标的检校坐标与定位坐标，计算扫描坐标系与像片坐标系间的变换参数。

2）相对定向。提取影像中的特征点，利用二维相关寻找同名点，计算相对定向参数。对非量测相机的影像，不需要进行内定向而直接进行相对定向时，需利用相对定向的直接解。金字塔影像数据结构与最小二乘影像匹配方法一般都需要用于相对定向的过程，人工辅助量测有时也是需要的。传统的摄影测量一般只在所谓的标准点位量测六对同名点，数字摄影测量及与自动化和可靠性的考虑，通常要匹配数十至数百对同名点。

3）绝对定向。现阶段主要由人工在左（右）影像定位控制点，由影像匹配确定同名点，然后计算绝对定向参数。今后有可能利用影像匹配技术对新旧影像进行匹配，实现自动绝对定向。

（5）自动空中三角测量　包括自动内定向、连续相对的自动相对定向、自动选点、模型连接、航带构成、构建自由网、自由网平差、粗差剔除、控制点半自动量测与区域平差结算等。由于数字摄影测量利用影像匹配代替人工转刺等自动化处理，可极大地提高空中三角测量的效率。

传统的空中三角测量一般只在标准点位选点，数字摄影测量的自动空中三角测量在选点时，不仅要选较多的连接点，以利于粗差剔除、提高可靠性，还要保证每一模型的周边有较多的点，以利于后续处理中相邻模型的 DEM 接边及矢量数据的接边。

（6）构成核线影像　按照核线关系，将影像的灰度沿核线方向予以重新排列，构成核线影像对，以便立体观测及将二维影像匹配转化为一维影像匹配。

（7）影像匹配　进行密集点的影像匹配，以便建立数字地面模型。

（8）建立数字地面模型及其编辑　由密集点影像匹配的结果与定向元素计算同名点的地面坐标（若利用地面元匹配方法，则无须此步），然后内插格网点高程建立矩形格网 DEM 或直接构建 TIN。

（9）自动绘制等高线　基于矩形格网 DEM 或 TIN 跟踪等高线。

（10）制作正射影像　基于矩形格网 DEM 与数字微分纠正原理，制作正射影像。包括两种途径：第一是由立体像对建立 DEM 后制作正射影像；第二是由单幅影像与已有的 DEM 制作正射影像，这需要输入该影像的参数或量测若干控制点后用单片后交法解算该影像的参数。

（11）正射影像镶嵌与修补　根据相邻正射影像重叠部分的差异，对相邻正射影像进行几何与色彩或灰度的调整，以达到无缝镶嵌。对正射影像上遮挡或异常的部分，用邻近的影像块或适当的纹理代替。

（12）数字测图　基于数字影像的机助量测、适量编辑、符号化表达与注记。

（13）制作影像地图　矢量数据、等高线与正射影像叠加，制作影像地图。

（14）制作透视图、景观图　根据透视变换原理与 DEM 制作透视图，将正射影像叠加到 DEM 透视图上制作真实三维景观图。

（15）制作立体匹配片 根据 DEM 引入视差，由正射影像制作立体匹配片，或由原始影像制作立体匹配片。由 DEM 与正射影像制作的立体匹配片不能反映地面物体的高度，由 DEM 与原始影像制作的立体匹配片能反映地面物体的高度。

2. VirtuoZo 数字摄影测量工作站简介

武汉大学于 20 世纪 70 年代中期在仅有 256K 内存的 NOVA 计算机上开展了全数字化自动测图系统的研究。在长达 30 年的研究中，经历了 TQ16、NOVA、微型计算机、SGI 工作站几代计算机的发展，在影像数据的组织，提高影像匹配的速度、可靠性、精度等方面取得了一系列重大突破，开发了影像框标的自动识别与自动内定向，目标点的自动定位、传递与自动空中三角测量，快速核线影像生成，可靠的快速影像匹配，数字地面模型的自动建立，等高线的自动绘制，数字微分纠正，自动制作正射影像等模块，完成了实用化的 VirtuoZo 数字摄影测量工作站的研制（见图 6-1）。

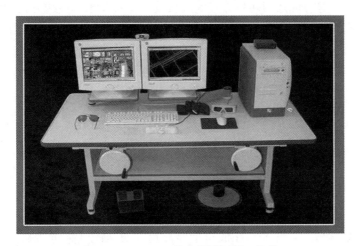

图 6-1 VirtuoZo 数字摄影测量工作站

数字摄影测量的核心技术之一是影像匹配算法，基于观测值独立性准则，提出了独立性与约束条件对立统一的原则，研究了全新的影像匹配算法。在从粗到精、独立性、条件约束（包括地形连续光滑约束、几何约束等）等准则的基础上，结合独立性与约束条件对立统一的原则，实现了遥感影像的高可靠性自动化匹配。

（1）数据输入

1）影像数据输入。接收数字影像。接收的数据格式有 TIFF（具体包括：标准格式的 TIFF、Tiled TIFF、JPEG TIFF、GeoTIFF 和以 11 bit 位存储的 TIFF 影像）、NITF、SGI（RGB）、BMP、TGA、SUN Raster、VIT、JFIF/JPEG 和 Mr. SID 格式。

2）等高线矢量数据输入。输入已有地形信息（等高线、特征线、特征点）的 DXF 和 USGS 格式文件，构造三角网并内插矩形格网。

3）DEM 数据输入。可直接将 USGS DTED2 格式的 DEM，转换为 VirtuoZo 格式的 DEM。可直接将 Lidar 格式的 DTM 数据（一般为 *. xyz 文件）转换为 VirtuoZo 格式的 DEM。

（2）自动空中三角测量 包括全自动内定向、全自动选点、全自动相对定向、全自动转点和半自动量测地面控制点。本模块具备预测地面控制点和交互式编辑连接点的功能。并能自动整理成果，建立各模型的参数文件。

（3）内定向　框标的自动识别与定位。利用相机检校参数，计算扫描坐标系与像片坐标系之间的变换参数，自动进行内定向。提供人机交互后处理功能。

注意：自动空中三角测量后无须此项处理。

（4）相对定向　左右影像分别提取特征点，利用二维相关寻找同名点，计算相对定向参数，自动进行相对定向。提供人机交互后处理功能。

注意：自动空中三角测量后无须此项处理。

（5）绝对定向　由人工在左右影像上定位控制点点位，采用影像匹配技术确定同名点，计算绝对定向参数，完成绝对定向。支持立体量测功能，可通过手轮、脚盘直接驱动立体影像来调整控制点和像点坐标。

注意：自动空中三角测量后无须此项处理。

（6）生成核线影像　将原始影像中用户选定的区域，按同名核线重新采样，形成按核线方向排列的立体影像。可采用两种方式生成核线影像：非水平核线方式和水平核线方式。

两种采样方式的比较：非水平核线方式的优点在于影像的生成速度较快，处理比较灵活，不依赖于控制点定向的结果；缺点在于航空摄影时并非竖直摄影，最后生成的模型为倾斜模型，立体显示与真实感不强（但不会出现观测误差）。水平核线方式的优点在于无论是否为竖直摄影，得到的模型始终是水平的，立体显示会比较真实；缺点在于必须先做完绝对定向后方可采集，其观测的精度部分依赖于绝对定向的成果，采集速度较非水平核线方式慢一些。

（7）匹配预处理　进行自动匹配之前，可在立体模型中量测部分特征点、特征线和特征面，作为影像自动匹配的控制。

（8）影像匹配　在核线影像上进行一维影像匹配，确定同名点。匹配中采用金字塔影像数据结构和基于跨接法的松弛法整体匹配算法。

（9）匹配结果的显示和编辑　完成自动匹配后，对匹配结果进行交互式编辑。系统能显示不可靠的点。可在分屏模式或立体模式下进行调整。在立体模型中可显示视差断面或等视差曲线以便发现粗差。交互式编辑有点、线和面的方式。

（10）建立DTM/DEM　将匹配后的视差格网投影于地面坐标系，利用移动曲面拟合，内插生成不规则的数字表面模型DTM。再进行插值计算，建立矩形格网的精确的数字高程模型DEM。

（11）正射影像的自动制作　采用反解法进行数字纠正，自动生成正射影像图。比例尺由参数确定。可以使用VirtuoZo系统产生的DEM文件、DTM文件，甚至是XYZ（VirtuoZo生成的矢量测图文件格式）、DXF（由AutoCAD V12生成的矢量数据文件）格式的矢量数据文件直接对原始影像进行纠正。并且可以选择纠正格网的类型（三角网或矩形格网）。

（12）自动生成等高线　由DEM自动生成等高线图。等高线间隔由参数设定。DEM可以使用VirtuoZo系统产生的DEM文件、DTM文件，甚至是XYZ（VirtuoZo矢量测图文件格式）、DXF（AutoCAD V12生成的矢量数据文件）格式的矢量数据。并且可以选择纠正格网类型（三角网或矩形格网）。

（13）正射影像和等高线叠合　正射影像和等高线生成后，将等高线叠合到正射影像上，获得带有等高线的正射影像图。

（14）地物数字化　用计算机代替解析测图仪、用数字影像代替模拟像片、用数字光标代替光学测标，在计算机上对地物进行数字化。

（15）影像与立体影像显示 在屏幕上显示三维立体影像。可查看整个数字影像的完整性，检查当前数字影像是否清晰，方位是否正确。

（16）景观图或透视图显示 在屏幕上显示景观图或透视图。可任意设定观察视角，无级缩放三维影像。

（17）DEM 拼接与正射影像镶嵌 对多个立体模型进行 DEM 拼接。对正射影像、等高线和等高线叠合正射影像进行镶嵌。系统实现了正射影像的无缝拼接，并能对任意影像进行镶嵌。

（18）批处理 对多个模型成批进行自动处理。设置参数选择模型和处理类型。如相对定向、绝对定向、采核线影像、影像匹配、生成 DEM、正射影像、等高线和正射影像与等高线的叠合等。系统自动进行批处理，完全不需要人工干预，能大大提高工作效率。

（19）数据输出

1）将 VirtuoZo 格式的 DEM 文件转换为 DXF、Arc/Info Grid ASCII 纯文本格式、BIL、NSDTF-DEM 和 TEXT（xyz）等格式。

2）将 VirtuoZo 格式的等高线转换为 DXF 或 ASCII 纯文本格式。

3）将 VirtuoZo 格式的影像转换为通用的 TIFF、GeoTIFF、TIFF World、TGA、SUN RASTER、SGI（RGB）、BMP、JPEG 和美国地质调查局（USGS）使用的 DOQQ 格式。其中 GeoTIFF、TIFF World 和 DOQQ 属于国际上通用的正射影像文件格式，可将 VirtuoZo 生成的正射影像文件直接转换为这些标准的正射影像文件格式。

3. JX-4C DPW 简介

北京四维远见信息技术有限公司面向生产高精度、高密度 DEM 和高质量 DOM、DLG，结合生产单位的作业经验，开发出了一套半自动化、实用性强、人机交互功能好、有很强的产品质量控制工艺的微型计算机数字摄影测量工作站——JX-4C DPW（见图 6-2）。其显著特点是：有一个极好的立体交互手段使其立体观测效果不亚于进口解析测图仪，加上手轮、脚盘、脚踏开关后成为一台完整的解析测图仪。JX-4C 同时又是一台解析测图仪，面向影像的各种算法被加进去后使其可以实现半自动或手动定向，有效监督下的相关算法计算出成千上万的 DEM，测图方式下的实时相关，实时边界提取（*），使

图 6-2 JX-4C DPW 工作站示意图

DEM、DLG 生产过程中，劳动强度下降。由于立体的图形可以叠加至影像立体上去并且可以硬件放大、缩小、漫游，为 DEM 的立体编辑，DLG 的立体套合查漏创造了有利条件，JX-4C 一个最显著的特点是：具有强大的立体编辑功能和产品质量的可视化检查。

（1）定向建模

1）自动或手动内定向。

2）自动或手动相对定向。

3）绝对定向：量测两点之后，可通过预计算将其他控制点映射至立体。

4）各种手动观测的删除、修改、加点功能。

5）各种空三数据导入后的无观测定向。

6）自动或手工选取多边形工作边界，并对核线影像进行裁切。

（2）向量测图

1）图廓的自动生成。

2）已测向量的实时显示（放大、缩小、编辑等）。

3）已测向量映射至立体（开/关）。

4）测图热键命令。

5）联机编辑功能。

6）实时符号化。

7）Microstation 的实时连接。

8）AutoCAD2000/2002 的实时连接。

（3）DEM

1）根据控制点或大地坐标形成多边形立体工作区域并裁核线影像，使工作量正好，且不超控。

2）人工加测特征点线功能或外部文件（dxf 或 ASC 格式）转换为特征点线文件。

3）金字塔、相关系数法自动相关出物方格网 DEM。

4）特征点线参与构 TIN，内插物方规则格网 DEM。

5）TIN 的立体编辑。

6）物方 DEM 可映射至立体，四体漫游检查和物方立体编辑。

7）DEM 镶嵌。

8）DEM 从内部格式转换为 XYZ 格式或 DXF 格式。

（4）数字正射影像图

1）利用 TIN 生成正射影像，精度高，与向量套合好。

2）生成像对左、右正射影像片。

3）不同像对的正射影像镶嵌为一整幅图的正射影像（带有灰阶平滑）。

4）正射影像与图廓线图内外整饰、曲线、DLG、套合并以 *.CDR 方式输出（喷墨或激光）。

（5）栅格地图修测 原有的栅格地图可套合至立体，对于未变化的地物可进行半自动的矢量跟踪采集，变化的地物则可进行重测，完成修测任务。

（6）IKONOS 影像定向与测图

1）利用 TIF 与相应的 RPC 文件进行控制或无控制的定向。

2）与航片一样的测图操作。

（7）近景资料的定向与测图

1）测立面图与测地形图的两种定向方式：通过选择像片类型（地面摄影像片或航片）和控制点坐标文件的不同输入方式来进行建模。

2）通过手轮、脚盘的交换以及方位角的输入达到与航片一样的测图操作。

4. 数字摄影测量网格 DPGird

针对防洪减灾、快速响应等诸多领域对遥感影像快速处理的迫切需要，由中国工程院院士、武汉大学教授张祖勋提出并研制，将计算机网络技术、并行处理技术、高性能计算技术与数字摄影测量技术相结合，开发了一套数字摄影测量网格（Digital Photogramme-try Grid, DPGrid）。DPGrid 系统实现了航空/航天遥感数据的自动快速处理，其性能远远高于当前的数字摄影测量工作站，能够满足三维空间信息快速采集与更新的需要，是具有自主知识产权的高性能新一代航空航天数字摄影测量处理平台。

（1）DPGrid 系统的组成

1）自动空三 DPGrid. AT/光束法平差 DPGrid. BA/正射影像 DPGrid. OP 模块。

2）基于网络的无缝测图系统：DPGrid. SLM（Seamless MappinG）。

（2）DPGrid 系统的特点

1）DPGrid 是完整的摄影测量系统，而以往的数字摄影测量工作站（DPW）仅仅是一个作业员作业的平台。

2）应用先进高性能并行计算、海量存储与网络通信等技术，系统效率大大提高。

3）采用改进的影像匹配算法，实现了自动空三、自动 DEM 与正射影像生成，自动化程度大大提高。

4）采用基于图幅的无缝测图系统，使得多人合作协同工作，避免了图幅接边等过程，生产流程大大简化，从而大大提高作业效率。

5）系统为地图自动修测与更新、城市三维建模等留有接口，具有一定的前瞻性。

6）系统结构清晰——自动化、人机交互彻底分割。

7）系统的透明性：相邻接边的作业员之间，作业员对检查员，相互协调，在一个环境下完成。

（3）DPGrid. SLM 的特点

1）生产流程简单。减少中间流程，直接获得最终结果。无单张正射影像，无拼接；删去了核线影像（中间结果）；作业员只管开机、关机、应用手轮、脚盘，按要求测绘等高线、测图，无须考虑模型、图幅，测图同时接边，效率来自于"简单、重复劳动"；图幅（DLG）全部由服务器根据要求"裁剪"与"整饰"，提高生产率。

2）专业分工更加明确。少数专业人员集中在服务器上处理对专业技术要求较高的作业步骤；具体的测图和编辑等人工作业分布到客户端上由大多数专业知识相对薄弱的普通作业员完成。

3）测图与模型无关。管理员可以方便地在服务器上按照图幅将任务下达到每一个作业员，作业员在客户端只需单击任务列表中的具体任务就可以自动下载和任务相关的数据，然后开始测图作业。整个作业区似乎是一个大的立体模型，作业员无须进行模型的切换，实现了与模型无关的测图。

4）网络间图幅接边。图幅之间的接边是通过网络进行的。由于服务器上已经保存图幅接边关系表，作业员可以在本机上获得并查看邻近图幅中已测的矢量数据，并在接边区内参照其他用户已测数据进行接边，实现无缝测图。

5）生产进度实时监控。管理员可随时通过网络监控每个工作站的生产进度和工作状态，及时对生产中出现的问题进行必要的处理和调整，有效地集数据生产与生产管理于一体。

6）矢量和 DEM 采编"所见即所得"。DPGrid. SLM（西部测图版）集成了生成高保真度 DEM 和 DEM 编辑功能，实现了 DEM 自动生成的等高线与人工测绘的等高线保持一致的功能。DEM 生成、编辑与手工测绘线划图在同一作业环境下完成，做到采编"所见即所得"，无须额外的软件处理，大大提高了生产率。

7）可应用于 SPOT 影像、UCD 影像的测图。

二、数字摄影测量工作站硬件组成

数字摄影测量工作站的硬件由计算机及其外部设备组成。

1. 计算机

（1）CPU　Pentium Ⅳ 1GHz 或以上。

（2）内存　512MB 或以上。

（3）硬盘　40GB 或更大容量。

（4）显示器　推荐使用双屏。

（5）分辨率　显示器在 1024×768ppi 的分辨率下的刷新频率应达到 100Hz 或以上。进行数字摄影测量时，建议显示器使用 1280×1024ppi 或以上的分辨率。

2. 外部设备

其外部设备分为立体观测及操作控制设备与输入输出设备。

（1）立体观测及操作控制设备

1）立体观测设备。计算机显示屏可以配备为单屏幕或双屏幕（见图 6-1）。立体观测装置可以是以下四种之一：红绿眼镜；立体反光镜；闪闭式液晶眼镜；偏振光眼镜。

2）操作控制设备。操作控制设备可以是以下三种之一：手轮、脚盘与普通鼠标（见图 6-1）；三维鼠标与普通鼠标；普通鼠标。

（2）输入输出设备

1）输入设备：影像数字化仪（扫描仪）。

2）输出设备：矢量绘图仪、栅格绘图仪。

第二节　模　型　定　向

数字影像可以从传感器直接产生，也可以利用影像数字化器从摄取的光学影像获取，即把原来模拟方式的信息转换成数字形式的信息。

一、传感器

1. 电子扫描器

电子扫描器使用阴极射线管 CRT 或光导摄像管 Vidicon 获取视频信号，由模/数转换系统将其转换为数字信号存入计算机中。现在不仅可以利用专门的电子扫描仪获取数字影像，还可以利用电视摄像机与所谓多媒体卡获取数字影像，但其精度要差一些。

2. 电子-光学扫描器

电子-光学扫描器有很高的分解力，其扫描面积可以很大，分为滚筒式和平台式两类。一般来说，平台式扫描器精度与分解力较高，而滚筒式扫描器速度快但精度与分解力都要低一些，其扫描行（x 方向）由滚筒的旋转产生，与其垂直方向（y 方向）的扫描由光源与传感器沿平行于滚筒转轴方向的移动产生。这种电子-光学扫描器一般用于光学影像或图件的扫描数字化，而不能用于实物数字影像的获取。

3. 固体阵列式数字化器

将半导体传感器 CCD（Charge Coupled Device）排列在一行或一个矩形区域中构成线阵列或面阵列 CCD 相机或称数字相机。在一条线上可以排列 2048 个传感器，而在一个矩形内可以排列 501×512 个传感器。在对影像数字化或获取实物数字影像时不需要扫描头逐像素地移动。

二、影像的灰度

将透明正片（或负片）放在影像数字化器上，把像片上像点的灰度值用数字形式记录下来，此过程称为影像数字化。

影像的灰度又称为光学密度。透明像片（正片或负片）上影像的灰度值，反映了透明的程度，即透光的能力。设投影在透明像片上的光通量为 F_0，而透过透明像片后的光通量为 F，则 F 与 F_0 之比称为透过率 T，F_0 与 F 之比称为不透过率 O：

$$\begin{cases} T = \dfrac{F}{F_0} \\ O = \dfrac{F_0}{F} \end{cases} \tag{6-1}$$

因此，像点越黑，则透过的光通量越小，所以，透过率和不透过率都可以说明影像黑白的程度。但是人眼对明暗程度的感觉是按对数关系变化的。为了适应人眼的视觉，在分析影像的性能时，不直接用透过率或不透过率表示其黑白程度，而用不透过率的对数值表示：

$$D = \lg O = \lg \frac{1}{T} \tag{6-2}$$

D 称为影像的灰度，当光线全部透过时，即透过率等于 1，则影像的灰度等于 0；当光通量仅透过 1%，即不透过率是 100 时，则影像的灰度是 2，实际的航空底片的灰度一般在 0.3~1.8 范围之内。

三、数字影像

数字影像是一个灰度矩阵 $\boldsymbol{g}$：

$$\boldsymbol{g} = \begin{bmatrix} g_{0,0} & g_{0,1} & \cdots & g_{0,n-1} \\ g_{1,0} & g_{1,1} & \cdots & g_{1,n-1} \\ \vdots & \vdots & & \vdots \\ g_{m-1,0} & g_{m-1,1} & \cdots & g_{m-1,n-1} \end{bmatrix} \tag{6-3}$$

矩阵的每个元素 $g_{j,i}$ 是一个灰度值，对应着光学影像或实体的一个微小区域，称为像元素或像元或像素。各像元素的灰度值 $g_{j,i}$ 代表其影像经采样与量化了的"灰度级"。

若 Δx 与 Δy 是光学影像上的数字化间隔，则灰度值 $g_{j,i}$ 随对应的像素的点位坐标 (x,y)：

$$x = x_0 + i\Delta x$$
$$y = y_0 + j\Delta y$$

而异。通常取 $\Delta x = \Delta y$，而 $g_{j,i}$ 也限于取用离散值。

四、影像数字化

影像数字化过程包括采样与量化两项内容。

将传统的光学影像数字化得到的数字影像，或直接获取的数字影像，不可能对理论上的每一个点都获取其灰度值，而只能将实际的灰度函数离散化，对相隔一定间隔的"点"量测其灰度值。这种对实际连续函数模型离散化的量测过程就是采样，被量测的点称为样点，样点之间的距离即采样间隔。采样后的灰度是不连续的等间隔灰度序列，采样过程会给影像的灰度带来误差。例如相邻两个点的影像灰度的变化被丢失，即影像的细部受到损失，则采样间隔越小越好。但是采样间隔越小，数据量越大，增加了运算工作量和提高了对设备的要求。究竟如何确定采样间隔，应根据精度要求和影像的分解力，另外还要考虑数据量和存储设备的容量。

1. 采样

在影像数字化或直接数字化时，这些被量测的"点"不是几何上的一个点，而是一个小的区域，通常是矩形或圆形的微小影像块，即像素。现在一般取矩形或正方形，矩形（或正方形）的长与宽通常称为像素的大小（或尺寸），它通常等于采样间隔。因此，当采样间隔确定以后，像素的大小也就确定了。

2. 量化

通过上述采样过程得到的每个点的灰度值不是整数，这对于计算很不方便，为此，应将各点的灰度值取为整数，这一过程称为影像灰度的量化。

影像灰度的量化是把采样点上的灰度数值转换成某一种等距的灰度级。其方法是将透明像片有可能出现的最大灰度变化范围进行等分，等分的数目称为"灰度等级"，然后将每个点的灰度值在其相应的灰度等级内取整，取整的原则是四舍五入。由于数字计算机中数字均用二进制表示，因此灰度级的级数 i 一般选用 2 的指数 M：

$$i = 2^M \quad (M = 1, 2, \cdots, 8)$$

当 $M = 1$ 时灰度只有黑白两级。当 $M = 8$ 时，则得 256 个灰度级，其级数是介于 0 与 255 之间的一个整数，0 为黑，255 为白。由于这种分级正好可用存储器中 1Byte（8bit）表示，所以数字处理特别有利。量化过程会给影像的灰度带来"四舍五入"的凑整误差，其最大误差为 ±0.5 个密度单位，影像量化误差与凑整误差一样，其概率密度函数是在 $-0.5 \sim 0.5$ 之间的均匀分布，即

$$p(x) = \begin{cases} 1, & -0.5 \leqslant x \leqslant 0.5 \\ 0, & \text{其他} \end{cases} \quad (6\text{-}4)$$

例如将最大密度范围 $0 \sim 3$，划分为 64 级，最大量化误差为

$$0.5 \times 3 \div 64 = 0.02$$

由此可以看出，量化误差与密度等级有关，密度等级越大，量化误差越小，但会增大数据量。

五、影像重采样理论

当欲知不位于矩阵（采样）点上的原始函数 $g(x,y)$ 的数值时就需要进行内插，此时称为重采样。意即在原采样的基础上再一次采样。每当对数字影像进行几何处理时总会产生这一问题，其典型的例子为影像的旋转、核线排列与数字纠正等。实际上常用的重采样方法有：双线性插值法、双三次卷积法、最邻近像元法。

六、内定向

内定向是摄影测量测图的第一步，在模拟测图仪上测图时，应将像片的框标与像片盘上的框标重合。在解析测图仪上测图时，在将像片安放在像片盘上后，要观测像片框标的坐标，使像片坐标系统与像片车架坐标系统联系在一起。数字影像测图的第一步也是内定向，这是因为在像片数字化时，像片的方位是任意的，因此像在解析测图仪上测图一样，必须进行内定向。

数字影像是以"扫描坐标系" IJ 为准，即像元素的位置是由它所在的列号 I 与行号 J 来确定的，它与像片本身的像片坐标系 o-xy 是不一致的。一般来说，数字化时影像的扫描方向应大概平行于像片的 x 轴，这对于以后的处理（特别是核线排列）是十分有利的。因此，扫描坐标系的 I 与 x 大致平行，如图 6-3 所示。

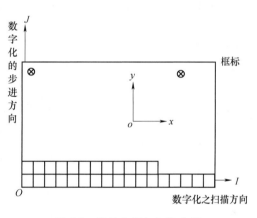

图 6-3　像片坐标与扫描坐标

内定向的目的就是确定扫描坐标系与像片坐标系之间的关系以及数字影像可能存在的变形。数字影像的变形主要是在影像数字化过程中产生的，主要是仿射变形。因此，扫描坐标系与像片坐标系之间的关系可以用下列关系式表示：

$$\begin{cases} x=(m_0+m_1I+m_2J)\Delta \\ y=(n_0+n_1I+n_2J)\Delta \end{cases} \tag{6-5}$$

其中 Δ 是采样间隔。因此，内定向的本质可以归结为确定式（6-5）的参数：m_0，m_1，m_2 和 n_0，n_1，n_2。

为了求解仿射变形的 6 个参数必须观测 4 个框标的扫描坐标与已知的框标的像片坐标，进行平差计算，求得 6 个参数。因此，内定向的基本步骤为：

1. 框标的识别与定位

框标的识别方法很多，但其中最简单的方法是：将框标周围的影像显示在计算机屏幕上，利用鼠标给定其近似位置，再由系统精确定位。由于航摄像片上的框标均有一定的几何形状，其中心是个圆点，该像素的灰度值为 64，因而可以利用一些自动识别框标的方法。这一般需要将框标影像窗口变为二值影像（也可以用原始影像），然后再利用数学形态学的方法或各种特征提取与定位的方法，自动确定框标的位置，从而解算出框标的扫描坐标 (IK,JK)，$K=1$，2，3，4。如下列矩阵所示，灰度值为 64 的像元素对应的行、列号，即该框标的扫描坐标。

```
83  25  11  11  11  43  45  24  55  55
80  20  11  11  11  11  12  12  45  45
80  60  60  40  20  24  12  54  54  54
70  60  61  40  50  45  45  54  25  32
70  50  40  40  50  54 [64] 55  45  35
70  50  55  55  40  40  60  65  40  30
25  25  30  40  15  20  20  41  40  30
25  25  30  30  15  14  20  12  12  12
25  20  20  15  15  14  10  12  12  12
25  20  20  10  15  14  10  11  11  11
```

2. 确定变形参数

由于仿射变形的 6 个参数在 x，y 方向是独立的，所以可以分别求解。在实际求解时，先将框标坐标重心化，其重心化是像片的主点，因此扫描坐标系与像片坐标系之间的关系式又可写为

$$\begin{bmatrix} x-x_0 \\ y-y_0 \end{bmatrix} = \begin{bmatrix} m_1 & m_2 \\ n_1 & n_2 \end{bmatrix} \begin{bmatrix} I-I_0 \\ J-J_0 \end{bmatrix} \tag{6-6}$$

表 6-1 中所列就是立体像对实际内定向的一个算例，由表中可以看出：在扫描方向与步进方向上存在着明显的比例尺变形的差异，但剪形畸变极小。

表 6-1　内定向参数

		左片		右片	
		量测坐标/mm	扫描坐标（像素）	量测坐标/mm	扫描坐标（像素）
框标 1		303.495	33.89	392.775	19.04
		386.545	46.01	387.020	57.98
框标 2		605.285	4257.87	604.555	4244.02
		386.915	42.19	386.270	25.68
框标 3		393.120	37.89	393.500	51.94
		398.280	4273.03	598.730	4285.18
框标 4		604.945	4260.39	605.340	4274.68
		598.645	4269.85	597.995	4253.24
主点参数	$x_0\,I_0$	499.211	2147.510	499.042	2147.42
	$y_0\,J_0$	492.596	2157.770	492.504	2155.52
	$m_1\,m_2$	1.00306	-0.00246	100289	-0.00397
	$n_1\,n_2$	0.00257	1.00173	0.00410	1.00162

式（6-6）是全数字化自动测图系统的解析基础，它可以将扫描坐标 (I, J) 换算成像片坐标，也可以由像点坐标反求扫描坐标：

$$\begin{bmatrix} I \\ J \end{bmatrix} = \begin{bmatrix} m_1 & m_2 \\ n_1 & n_2 \end{bmatrix}^{-1} \begin{bmatrix} x-x_0 \\ y-y_0 \end{bmatrix} - \begin{bmatrix} I_0 \\ J_0 \end{bmatrix} \tag{6-7}$$

因此，若已知某个像点的像片坐标，就可以根据式（6-7）求得的（I,J）从数字影像中取出相应的像素。

若已知像片的外方位元素，即可以由数字影像的像素行、列号直接求得像点的像控坐标。因为

$$\begin{bmatrix} u \\ v \\ w \end{bmatrix} = \begin{bmatrix} a_1 & a_2 & a_3 \\ b_1 & b_2 & b_3 \\ c_1 & c_2 & c_3 \end{bmatrix} \begin{bmatrix} x-x_0 \\ y-y_0 \\ -f \end{bmatrix}$$

$$= \begin{bmatrix} a_1 & a_2 & a_3 \\ b_1 & b_2 & b_3 \\ c_1 & c_2 & c_3 \end{bmatrix} \begin{bmatrix} m_1 & m_2 & 0 \\ n_1 & n_2 & 0 \\ 0 & 0 & 1 \end{bmatrix} \begin{bmatrix} I-I_0 \\ J-J_0 \\ -f \end{bmatrix} \tag{6-8}$$

七、测区建立

1. 系统启动

有两种方法可以启动 VirtuoZo V3.6：双击快捷图标或运行 Bin 目录下的可执行程序 VirtuoZo NT. exe。屏幕将显示系统主界面，界面上方是菜单条，中央为工作区，下方为状态条，如图 6-4 所示。当用户建立测区和模型之后，状态栏的右下角将显示当前工作的测区名和模型名。

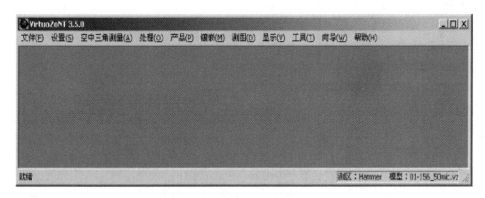

图 6-4　系统主界面

2. 创建一个测区

测区名根据工程项目确定，例如"班级学号"，在 VirtuoZo NT 主菜单中，选择"设置"→"测区参数"，屏幕显示"打开或创建一个测区"文件对话框，输入测区名"班级学号"，进入测区参数界面，如图 6-5 所示。现以测区名为"shixi"为例。

测区参数输入要求如下：

（1）测区目录和文件

1）主目录行：输入测区路径和测区名，即 F：\shixi。本系统自动在 F 盘建立名为"shixi"的文件夹。

2）控制点文件行：输入控制点文件名，即 F：\shixi\shixi. ctl。

3）加密点文件行：输入与上行相同，即 F：\shixi\shixi. ctl。

4）相机检校文件行：输入 F：\shixi\Rc10. cmr。

图 6-5 测区参数界面

注意：若以上文件已存在，可单击右边的"文件查找"按钮，查找当前文件。

（2）基本参数

1）摄影比例：输入"30000"。

2）航带数：输入"1"。

3）影像类型：选择"摄影测量"。

（3）默认（也即缺省）测区参数

1）DEM 格网间隔：10。

2）等高线间距：5。

3）分辨率（DPI）：254（即正射影像的输出分辨率）。

（4）保存　单击"保存"按钮，将测区参数存盘。其参数文件存放在"shixi"文件夹中。

3. 录入相机参数

相机检校数据用以内定向计算。在 VirtuoZo NT 主菜单中，选择"设置"→"相机参数"，屏幕弹出"相机检校参数"对话框，如图 6-6 所示（注意：若新建时，界面中无参数，请输入）。

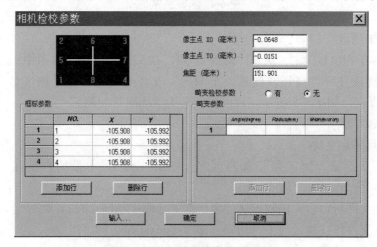

图 6-6 "相机检校参数"对话框

相机检校文件名是在测区参数中生成的，即"Rc10. cmr"。

相机数据为：由上已知资料的相机数据，在输入处双击，将相机数据对应填写到"相机检校参数"对话框中，如图 6-6 所示。单击"确定"按钮，将参数存盘。

4. 录入控制点数据

控制点参数用以绝对定向计算。在 VirtuoZo NT 主菜单中，选择"设置"→"地面控制点"，屏幕显示当前控制点文件，如图 6-7 所示（注意：若新建时，界面中无参数，请输入）。

控制点文件名是在测区参数中生成的，即"shixi. ctl"。

控制点数据：由上已知资料控制点数据，在输入处双击，将控制点数据依次填写到"控制点数据"对话框中，如图 6-7 所示。单击"确定"按钮，将控制点参数存盘。

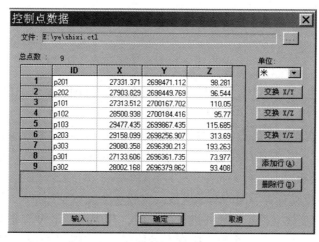

图 6-7　"控制点数据"对话框

5. 原始影像的数据格式转换

所采用的原始资料是由航片经扫描而获得的数字化影像，为 tif 格式，必须转换为 vz 的格式。在 VirtuoZo NT 主菜单中，选择"文件"→"引入"→"影像文件"，屏幕显示"输入影像"对话框（见图 6-8）。

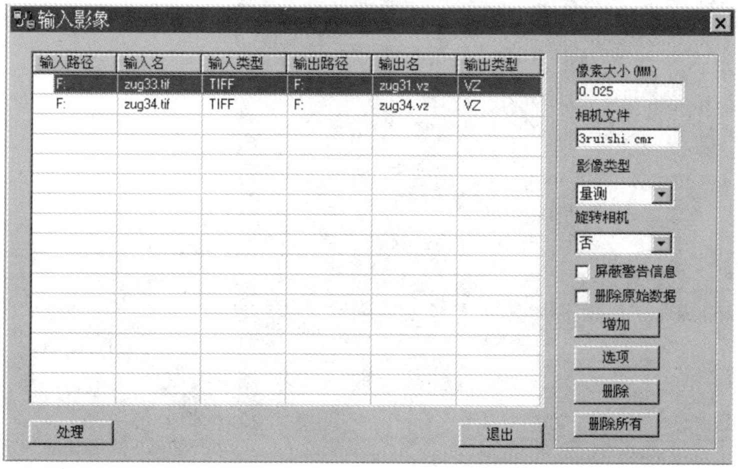

图 6-8　"输入影像"对话框

在对话框中选择"输入路径""输入名"（＊.tif）与"输出名"（＊.vz）和"输出路径"（测区目录下的 images 分目录）等。然后，选择"处理"按钮，即将"＊.tif"文件转换为"＊.vz"文件，并将"＊.vz"文件存放在测区目录下的 images 分目录中。

八、VirtuoZo 内定向

1. 主要作业

1）进入测区，选择该测区内需要进行定向处理的模型。

2）建立框标模板。若框标模板已经建立，则直接进入内定向界面。

3）左影像内定向。

4）右影像内定向。

5）退出内定向模块。

2. 操作说明

（1）选择模型

1）在 VirtuoZo 主界面中单击"文件"→"打开测区"选项，系统弹出"打开测区"对话框，从中选择测区文件"〈测区名〉.blk"。

2）在 VirtuoZo 主界面中单击"文件"→"打开模型"选项，系统弹出"打开"或"创建一个模型"对话框，从中选择模型文件"〈模型名〉.mdl"或"〈模型名〉.ste"。

（2）建立框标模板

1）不同型号的相机有着不同的框标模板。一般一个测区使用同一相机摄影，所以只需在测区内选择一个模型建立框标模板并进行内定向，其他模型不再需要重新建立框标模板，即可直接进行内定向处理。若一个测区中存在着使用多个相机的情况，则需要在当前测区目录中建立多个相机参数文件，在做内定向处理时，系统会自动建立多个框标模板。

2）打开某测区的某一模型后，在 VirtuoZo 主界面中单击"处理"→"模型定向"→"内定向"选项，系统弹出"建立框标模板"界面，如图 6-9 所示。

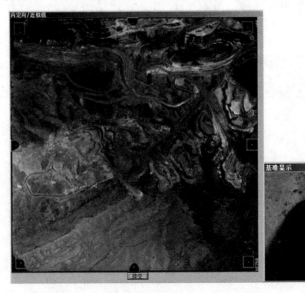

图 6-9　"建立框标模板"界面

左边的"内定向/近似值"窗口显示了当前模型的左影像,其四角或四边上的框标被小白框围住。右边的"基准显示"窗口显示了某框标的放大影像。若小白框没有围住框标,则可在框标上单击,小白框将自动围住框标。调整小白框的位置,尽量使框标位于小白框的中心位置。当所有的框标均位于小白框的中心后,单击"接受"按钮,系统自动对框标进行定位。此时,系统弹出内定向界面,在此界面中对框标定位进行调整,直至所有的框标定位准确,然后,单击"保存退出"按钮,系统将自动生成框标模板文件"\bin\MASK. DIR\〈相机名〉_msk",并保存该影像的内定向参数。

(3)左影像内定向 系统开始读入影像,同时显示读入影像进度条。影像读入后,系统将弹出内定向窗口,如图 6-10 所示。

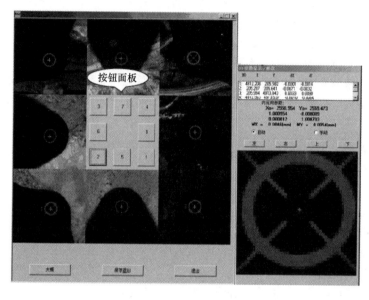

图 6-10 内定向窗口

注意:对于已做过内定向处理的模型,当在 VirtuoZo 主界面中单击"处理"→"模型定向"→"内定向"选项时,系统会弹出上次的内定向处理结果并询问是否重新进行内定向处理,如图 6-11 所示。

若对此结果满意,则单击"否"按钮退出内定向。如果对结果不满意,则单击"是"按钮重新进行内定向处理。

(4)右影像内定向 右影像内定向的操作与左影像一致。

(5)查看内定向精度 若满足要求,则可单击"保存退出"按钮保存内定向参数,并退出内定向模块。

图 6-11 内定向结果

九、相对定向

内定向完成后，可进行模型相对定向。

1. 主要作业

1）进入相对定向界面。

2）量测同名点（一般在对非量测相机获取的影像进行相对定向时进行此项操作）。

3）自动相对定向。

4）检查与调整。

2. 操作说明

（1）进入相对定向界面　在 VirtuoZo 主界面中单击"处理"→"模型定向"→"相对定向"选项，系统读入当前模型的左右影像数据。

（2）量测同名点　对于非量测相机获取的影像对，由于左右影像重叠区域的投影变形较大，在自动相对定向之前一般要量测 1 对同名点（点位应选在左、右影像重叠部分左上角位置的附近）。若当前模型的影像质量比较差，则需量测 3~5 对同名点（点位均匀分布），以保证可靠地完成自动相对定向。对于航空影像，一般不需要这一操作，可直接进行自动相对定向。

1）量测同名点。量测同名点有两种方式：人工量测和半自动量测。

① 人工量测时，首先，应确认鼠标右键菜单项下的子菜单项全都处于未选中状态，然后分别量测同名点的左、右像点坐标。具体步骤为：

a. 拖动"左影像"（或"右影像"）窗口的滚动条，找到所要量测的点，并在其上单击，此时系统弹出"像点量测"窗口，放大显示该点点位及其周边的原始影像。

b. 在"像点量测"窗口中单击要量测的点的准确点位，则该点的像点坐标即被量测。系统用红色十字丝在影像上显示该点。

c. 在另一影像上重复上述步骤，量测对应的同名点。

② 半自动量测，利用系统所提供的寻找近似值和自动精确定位功能，进行点位的查找和选择（这两项功能均为系统默认提供功能，用户可根据实际情况进行选择）。量测时先由人工量测某个点在左影像（或右影像）上的像点坐标，再由系统自动量测该点在另一影像上的同名点。

a. 选中寻找近似值菜单项，则当人工量测了某个点在左（右）影像上的像点坐标后，系统会自动找到该点在右（左）影像上的同名点的近似位置，并弹出"像点量测"窗口，再在"像点量测"窗口中量测该点的同名点。

b. 若选中"自动精确定位"选项，则当人工量测了某个点的左（右）影像的像点坐标后，系统自动找到该点在右（左）影像上的同名点的准确位置，此时就不必再人工找点。

以相同的比例显示"像点量测"窗口中的影像。将"像点量测"窗口中的影像放大 2 倍显示。将"像点量测"窗口中的影像放大 3 倍显示。将"像点量测"窗口中的影像放大 4 倍显示。将"像点量测"窗口中的影像放大 5 倍显示。将"像点量测"窗口中的影像放大 10 倍显示。将放大显示窗口以左右排列方式显示。将放大显示窗口以上下排列方式显示。

可根据实际情况灵活选择量测方式：人工方式或半自动方式。

c. 当点位在左、右影像上都很清晰时，选中"自动精确定位"选项。

d. 当点位在左、右影像上不很清晰时，若选中"自动精确定位"选项后，系统处理失败，则再选中寻找近似值菜单项。

e. 当点位在左、右影像上很不清晰时，若选中"寻找近似值"选项后，系统处理失败，则再以人工方式进行量测。

注意：如果在量测时对当前的点位不满意，可以按下〈Esc〉键取消量测。

2）输入点号。完成某同名点的量测后，系统弹出"加点"对话框，如图 6-12 所示。

① 如果已精确量测当前点在左、右影像上的点位，则在"点号"文本框中输入点号，单击"确定"按钮后，即增加一对同名点。

② 如果当前点在左、右影像上的点位还需精确调整，用户可在"像点量测"窗口中直接单击调整点位；也可单击"加点"对话框中的微调按钮箭头，以像素为单位调整当前点点位；或者单击"确定"按钮

图 6-12　"加点"对话框

退出"加点"对话框，在"定向结果"窗口中选中要调整的点，然后使用"点位放大显示"窗口中的向上、向下、向左、向右微调按钮进行微调。

③ 若同名点的匹配结果太差，系统将弹出一个消息框，单击"确定"按钮取消添加操作。

3）自动相对定向。在影像窗口中右击，系统弹出右键菜单，单击"相对定向"菜单项，系统将对当前模型进行自动相对定向。相对定向结果显示在"定向结果"窗口中，所有同名点的点位均以红色十字丝分别显示在左、右影像显示窗口中。

4）检查与调整。"定向结果"窗口显示所有同名点的点号和误差。系统按误差大小排列点号，即误差最大的点排在最下面。"定向结果"窗口的底部显示相对定向的中误差（RMS）和点的总数。用户可在此窗口中检查当前模型的自动相对定向精度，并选择不符合精度要求的点，对其点位进行调整或直接删除。

① 选点。有如下三种选点方式：

a. 在"定向结果"窗口中选择点。拖动"定向结果"窗口中的滚动条找到要选的点号，单击该行使之变为深蓝色。此时"影像显示"窗口中该点的点位十字丝由红色变为淡蓝色，同时，"点位放大显示"窗口中显示该点影像。

b. 在"影像显示"窗口中选择点。在"影像显示"窗口中找到要选的点，单击鼠标滑轮（或按下〈Shift〉键同时单击鼠标）。此时该点的点位十字丝由红色变为淡蓝色，定向结果窗口中该点所在行变为深蓝色，同时，"点位放大显示"窗口中显示该点影像。

c. 输入点号查询该点。在"影像显示"窗口中右击，系统弹出右键菜单，单击"查找点"菜单项，系统弹出"查找点"对话框，如图 6-13 所示。输入要查询的点号，单击"确定"按钮，则"影像显示"窗口、"点位放大显示"窗口和"定向结果"窗口都将定位到所要查询的同名点上。

② 删除点。选中同名点后，单击定向结果窗口下的"删除点"按钮，即可删除该点。

图 6-13　"查找点"对话框

③ 增加点。增加点的操作同上面测量同名点的操作。调整过程中，"定向结果"窗口中的计算结果会随点位的改变实时变化。应精确调整点位，保证左、右像点确实是同名点。

十、绝对定向

在完成相对定向之后并不退出定向模块，继续量测控制点，进行模型的绝对定向。模型的绝对定向有普通方式和立体方式两种。

普通方式：分窗口显示影像，在该模型的相对定向界面下右击，系统弹出右键菜单，单击"绝对定向"→"普通方式"选项，完成绝对定向。

立体方式：立体显示影像，支持手轮、脚盘操作。在该模型的相对定向界面下右击，系统弹出右键菜单，单击"绝对定向"→"立体方式"选项，完成绝对定向。

注意：卫星影像不支持该显示方式。

绝对定向完成后，生成绝对定向结果文件"〈左影像名〉.aop""〈右影像名〉.aop"和"〈立体像对名〉.aop"。

注意：也可在 VirtuoZo 主界面下直接进行绝对定向。

1. 普通方式绝对定向

（1）普通方式绝对定向作业步骤

1）半自动或人工量测控制点。

2）进行绝对定向计算。

3）检查与调整绝对定向结果。

（2）普通方式绝对定向操作说明

1）量测控制点。控制点的量测方法与相对定向中同名点的量测方法相同，但在影像显示窗口中控制点的点位是以黄色十字丝显示的。VirtuoZo 提供了预测控制点的功能：量测 3 个控制点后，在影像显示窗口中右击，系统弹出右键菜单，单击预测控制点菜单项，系统将用小蓝圈标示出当前模型中其他待测控制点的近似位置。控制点量测完成后，系统生成像点坐标文件"〈模型目录名〉\〈模型名〉.pcf"。

注意：量测后输入的控制点点号应与控制点数据文件中的点号一致。

① 对 SPOT 卫星影像的绝对定向，至少需要 5 个控制点才可开始解算。

② 对于其他高分辨率的卫星影像（如 IKONOS、QUICKBIRD 影像），如果利用 RPC 参数定向，不能满足精度要求，仍需要控制点才可以开始解算；如果没有用到 RPC 参数，则至少需要 5 个控制点才可以开始解算。

2）绝对定向计算。控制点量测完成后，在"影像显示"窗口中右击，然后在系统弹出的右键菜单中单击"绝对定向"→"普通方式"选项，系统开始进行绝对定向计算。绝对定向完成后，系统将弹出"调准控制"对话框（用于调整控制点点位）和"定向结果"窗口（用于显示影像的旋转角、各控制点的残差和中误差）。

3）检查与调整。"定向结果"窗口的中间部分显示每个控制点的点号、平面位置的残差和高程残差，窗口的底部显示控制点的总数及平面 (X, Y)、高程 (Z) 的中误差。若绝对定向结果不满足精度要求，则可对控制点进行检查与调整。

① 检查控制点坐标数据。对误差很大的点可按以下方法检查该点坐标数据是否输错：在"定向结果"窗口中单击该控制点，在调准控制对话框中即显示该控制点的坐标信息。

查看其坐标数据是否错误，若有误则需退出相对定向界面，在 VirtuoZo 主界面中单击“设置”→“地面控制点”选项，编辑控制点数据，或者打开控制点文本文件进行修改，然后再重新进行绝对定向计算。

② 删除或增加控制点。对于点位错误的点，应先将其删除，然后再重新量测。具体步骤如下：首先，在“影像显示”窗口中右击，在系统弹出的右键菜单中单击“显示复原”选项返回相对定向界面，然后选中要删除的点，单击“删除点”按钮删除该点。

完成删除或增加控制点后，再进行绝对定向计算，并检查绝对定向结果。

③ 微调控制点。在“调准控制”对话框中单击控制点微调按钮可对控制点进行微调。

a. “调准控制”对话框按钮说明。

a)“微调”按钮：六个微调按钮分别用于控制点点位在 X、Y、Z 方向上的移动。微调按钮上的“+”表示按步距正向移动点位的地面位置，“−”表示按步距反向移动点位的地面位置。

b)“步距”按钮：系统设置了四档步距：0.01、0.10、1.00 和 10.0，可单击步距“+”或步距“−”按钮选择适当步距。步距按钮上的“+”表示增大步距，“−”表示减小步距。步距单位与控制点单位一致。

c)“立体方式”按钮：单击“立体方式”按钮，系统弹出“3D 视图”窗口，显示当前点的立体影像，需使用立体眼镜进行立体观测。

b. 不同显示方式下的点位调整。

a) 非立体显示下的影像坐标调整方式，即以影像坐标方式分别调整左、右影像的点位。首先，选中要调整的控制点，再单击相对定向界面右下角的“左影像”按钮或“右影像”按钮，然后单击向上、向下、向左、向右等按钮，参照“点位放大显示”窗口中显示的点位进行调整。

b) 非立体显示下的地面坐标调整方式，即以地面坐标方式对左、右影像的点位进行调整。首先，选中要调整的控制点，再在“调准控制”对话框中，单击“步距”按钮选择适当的调整步距，然后单击此对话框中的微调按钮，参照“点位放大显示”窗口中显示的点位进行调整。

c) 立体显示下的地面坐标调整方式，即以地面坐标方式对立体影像的控制点点位进行调整。首先，选中要调整的控制点，再单击“立体方式”按钮，系统弹出“3D 视图”窗口，显示当前点的立体影像。在“调准控制”对话框中，单击“步距”按钮选择适当的调整步距，然后单击“微调”按钮，通过立体眼镜参照“3D 视图”窗口中的立体影像进行调整。

d) 立体显示下的影像坐标调整方式，即以影像坐标方式对立体影像的点位进行调整。首先，选中要调整的控制点，再单击“立体方式”按钮，系统弹出当前点的立体影像小窗口（3D 视图窗口）。通过立体眼镜观测立体影像，单击“相对定向”界面右下角的“左影像”“右影像”“向上”“向下”“向左”“向右”等按钮，参照“3D 视图”窗口中显示的点位进行调整。

注意：调整点位时可以参考“定向结果”窗口中的误差数据的变化进行操作，但必须保证控制点的点位正确。

e) 存盘退出。在“影像显示”窗口中右击，在系统弹出的右键菜单中单击“保存”，保存定向结果。单击"退出"选项，退出定向模块。

2. 立体方式绝对定向

立体方式下的绝对定向作业步骤为：

（1）量测控制点 控制点的量测可在相对定向界面中进行，也可在立体模式下量测。具体步骤如下：

1）在"影像显示"窗口中右击，在系统弹出的右键菜单中单击"绝对定向"→"立体方式"选项，进入如图 6-14 所示的窗口。

2）单击编辑工具栏上的 Add 图标，驱动手轮，精确对准左右影像上的目标点位，转动脚盘，切准地物，然后单击该地物，即可实现控制点的量测。

说明：

1）采用坐标仪方式量测时，程序将自动消除测标中心的上下视差，用户只需使用手轮移动影像到需要量测的点位上，然后使用脚盘调整测标升降切准即可。

2）当相对定向的结果不好或未完成相对定向时，程序自动消除上下视差是不可靠的，此时可采用左右片方式进行量测（此方式下脚盘不起作用）。

3）在左右片方式下，当用户设定状态为左右片均可移动时，驱动手轮则可移动影像到需要量测的点位上。若左片已对准该点，可设定左片为固定状态。这样，当移动手轮时，则只会调整右片，达到切准的目的。同样，若右片切准该点而左片未切准，则设定右片为固定状态，仅调整左片。

4）只有影像为航空影像时，方可驱动手轮、脚盘。

5）所命名的控制点的点号必须与控制点文件中的点号一致。

6）立体模式下没有预测控制点的功能。

（2）绝对定向计算 完成量测控制点后，进行绝对定向计算。控制点信息与绝对定向参数均显示在如图 6-14 所示界面右边的参数显示面板中。

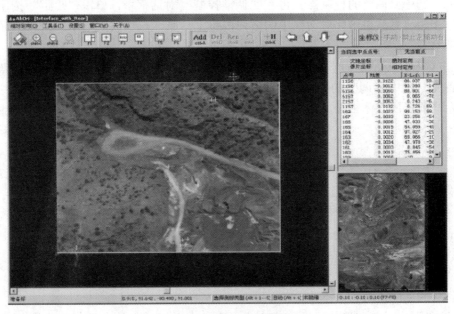

图 6-14 绝对定向窗口

（3）检查与调整绝对定向结果　参数显示面板中有四个属性页："像片坐标""相对定向""大地坐标"和"绝对定向"。"像片坐标"属性页显示控制点和同名点的像点坐标及其残差。"相对定向"属性页显示左右影像的旋转角。"大地坐标"属性页显示每个控制点的残差、控制点的平面中误差及高程中误差。"绝对定向"属性页显示左右影像摄站坐标和旋转矩阵。若结果不满足精度要求，应进行检查和调整。

注意：立体方式下的绝对定向不提供微调按钮。

说明：完成绝对定向后，可以不退出定向模块，返回相对定向界面，继续进行核线影像的生成。

第三节　数字高程模型生成

一、核线影像

"核线"是摄影测量的一个基本概念，但是长期以来它在摄影测量中的实际应用极少，从 20 世纪 70 年代初，由摄影测量学者 Helava 等提出了核线相关的概念后，核线的概念在摄影测量自动化系统中受到广泛的重视。由核线的几何定义可知：同名像点必然位于同名核线上。

1. 核线几何关系解析

确定同名核线的方法很多，但基本上可以分为两类：一是基于数字影像的几何纠正；二是基于共面条件。

（1）基于数字影像的几何纠正的核线解析关系　我们知道，核线在航空摄影像片上是相互不平行的，它们交于一个点——核点。但是，如果将像片上的核线投影（或称为纠正）到一对"相对水平"像片对上——平行于摄影基线的像片对，则核线相互平行。如图 6-15 所示，以左片为例，P 为左片，P_0 为平行于摄影基线 B 的"水平"像片。l 为倾斜像片上的核线，l_0 为核线 l 在"水平"像片上的投影。设倾斜像片上的坐标系为 x，y；"水平"像片上的坐标系为 u，v，则

$$\begin{cases} x = -f\dfrac{a_1 u + b_1 v - c_1 f}{a_3 u + b_3 v - c_3 f} \\ y = -f\dfrac{a_2 u + b_2 v - c_2 f}{a_3 u + b_3 v - c_3 f} \end{cases} \tag{6-9}$$

显然在"水平"像片上，当 $b=$ 常数时，则为核线，将 $v=c$ 代入式（6-9），经整理得

$$\begin{cases} x = \dfrac{d_1 u + d_2}{d_3 u + 1} \\ y = \dfrac{e_1 u + e_2}{e_3 u + 1} \end{cases} \tag{6-10}$$

若以等间隔取一系列的 u 值 $k\Delta$，$(k+1)\Delta$，$(k+2)\Delta$，…即求得一系列的像点坐标 (x_1, y_1)，(x_2, y_2)，(x_3, y_3) …。这些像点就位于倾斜像片的核线上，若将这些像点经重采样后的灰度 $g(x_1, y_1)$，$g(x_2, y_2)$，…直接赋给"水平"像片上相应的像点，就能获得"水

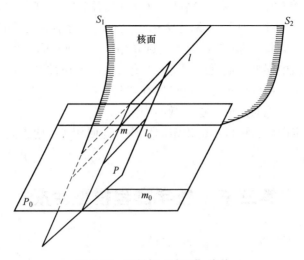

图 6-15 倾斜与"水平"像片

平"像片上的核线。

由于在"水平"像片对上，同名核线的 v 坐标值相等，因此将同样的 $v'=c$ 代入右片共线方程：

$$\begin{cases} x'=-f\dfrac{a_1'u'+b_1'v'-c_1'f}{a_3'u'+b_3'v'-c_3'f} \\[2mm] y'=-f\dfrac{a_2'u'+b_2'v'-c_2'f}{a_3'u'+b_3'v'-c_3'f} \end{cases} \tag{6-11}$$

即能获得在右片上的同名核线。

由以上分析可知，此方法的实质是一个数字纠正，将倾斜像片上的核线投影（纠正）到"水平"像片对上，求得"水平"像片对上的同名核线。

（2）基于共面条件的同名核线几何关系　这一方法是直接从核线的定义出发，不通过"水平"像片作为媒介，直接在倾斜像片上获取同名核线，其原理如图 6-16 所示。问题是：若已知左片上任意一个像点 $p(x_0,y_0)$，怎样确定左片上通过该点的核线 l 以及右片上的同名核线 l'。

由于核线在像片上是直线，因此上述问题可以转化为确定左核线上的另外一个点，如图 6-16 中的 $q(x,y)$，与右同名核线上的两个点，如图 6-16 中 p'、q'。注意，这里并不要 p 与 p' 或 q 与 q' 是同名点。

由于同名核线上的点均位于同一核面上，即满足共面条件，由此可求得左影像上通过 p 点的核线上任意一个点的 y 坐标。

为了获得右影像上同名核线上任一个像点，如图 6-16 中 p'，可将整个坐标系绕右摄站中心 S' 旋转至 $u'w'v'$ 坐标系中，因此可用式（6-11）相似的公式求得右核线上的点 (u',v')。

同理可得右影像上同名核线的两个像点的坐标。

2. 核线的重排列（重采样）

在解析测图仪上所安装的核线扫描系统（如 AS-11-BX，RASTAR），多是采用硬件控

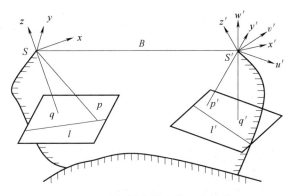

图 6-16　倾斜像片上的同名核线

制，利用上述的解析关系，将扫描线直接对准同名核线。但是在一般情况下数字影像的扫描行与核线并不重合，为了获取核线的灰度序列，必须对原始数字影像灰度进行重采样。按上述两种不同解析方式获取核线，相应有两种不同的重采样方式。下面介绍一种基于"水平"影像获取核线影像的方法。

如图 6-17 所示，图 a 为原始（倾斜）影像的灰度序列；图 b 为待定的水平与基线的水平像片的影像。按前面讲的公式将水平像片上的坐标 u，v 反算到原始像片的坐标 x，y 上。但是，由于所求得的像点不一定恰好落在原始采样的像元中心，这就必须进行灰度内插——重采样。

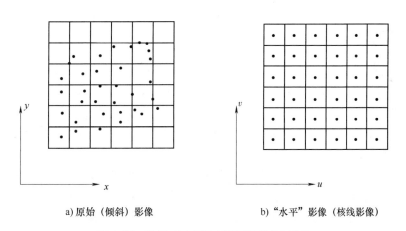

a) 原始（倾斜）影像　　　　　　　　b)"水平"影像（核线影像）

图 6-17　基于"水平"影像获取核线影像

按上述共面条件确定像片上核线的方向：

$$\tan K = \Delta y / \Delta x \tag{6-12}$$

从而根据核线的一个起点坐标及方向 K，就能确定核线在倾斜像片上的位置，图 6-18a 表示采用线性内插所得的核线上的像素的灰度：

$$d = 1/\Delta((\Delta - y_1)d_1 + y_1 d_2) \tag{6-13}$$

显然，其计算工作量要比双线性内插要小得多，若采用邻近点法（见图 6-18b），则无须进行内插。由于对此核线而言 K 是常数，这说明只要从每条扫描线上取出 n 个像元素

$$n = 1/\tan K \tag{6-14}$$

拼起来，就能获得核线——沿核线进行像元素的重排列，从而极大地提高核线排列的效率。由此所产生的像元素在 y 方向的移位，最大是 0.5 像元，其中误差

$$m_y = \int_{-0.5}^{+0.5} x^2 \mathrm{d}x = 0.083 \tag{6-15}$$

在 x 方向不产生位移。因此由此所产生的相关结果误差（左、右视差的误差）是很小的。

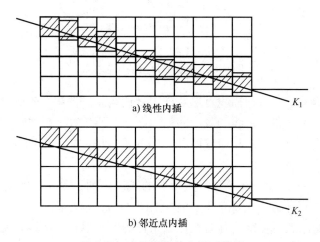

a) 线性内插

b) 邻近点内插

图 6-18　在倾斜像片上排列核线

二、影像匹配

对一幅数字影像，我们最感兴趣的是那些非常明显的目标，而要识别这些目标，必须借助于提取构成这些目标的所谓影像的特征。特征提取是影像分析和影像匹配的基础，也是单张影像处理的最重要的任务。特征提取主要是应用各种算子来进行。由于特征可以分为点状特征、线状特征与面状特征，因而特征提取算子又可分为点特征提取算子与线特征提取算子，而面状特征主要是通过区域分割来获取。

对数字影像中的明显目标，我们不仅要识别它们，还需要确定它们的位置。例如地面控制点在影像上一般为明显目标，对它们的位置是需要精确量测的，另外有一些明显目标虽不是控制点，但要将它们用于影像方位的确定，也需要精确地量测其位置。在数字摄影测量中，特征的定位是利用特征定位算子进行的，它分为圆状特征点的定位算子与角点的定位算子，这就是自动化的"单像量测"。其中"高精度定位算子"能使定位的精度达到"子像素"级的精度，它们的研究与提出是数字摄影测量的重要发展，也是摄影测量工作者对"数字图像处理"所做的独特的贡献。

摄影测量中双像（立体像对）的量测是提取物体三维信息的基础。在数字摄影测量中是以影像匹配代替传统的人工观测，来达到自动确定同名像点的目的。最初的影像匹配是利用相关技术实现的，随后发展了各种影像匹配方法。

1. 影像相关原理

最初的影像匹配采用了相关技术，由于原始像片中的灰度信息可以转换为电子、光学或

数字等不同形式的信号，因而可构成电子相关、光学相关或数字相关等不同的相关方式。但是，无论是电子相关、光学相关还是数字相关，其理论基础是相同的，即影像相关。

影像相关是利用两个信号的相关函数，评价它们的相似性以确定同名点。即首先取出以待定点为中心的小区域中的影像信号，然后取出其在另一影像中相应区域的影像信号，计算两者的相关函数，以相关函数最大值对应的相应区域中心点为同名点，即以影像信号分布最相似的区域为同名区域。同名区域的中心点为同名点，这就是自动化立体量测的基本原理。

数字相关是利用计算机对数字影像进行数值计算的方式完成影像的相关（或匹配）。数字相关的算法除了相关函数外，都是根据一定的准则，比较左右影像的相似性来确定其是否为同名影像块，从而确定相应像点。

数字相关可以是在线进行，也可以是离线进行。一般情况下它是一个二维的搜索过程。1972 年 Masry，Helava 和 Chapelle 等人引入了核线相关原理，化二维搜索为一维搜索，大大提高了相关的速度，使数字相关技术在摄影测量中的应用得到了迅速的发展。

（1）二维相关 二维相关一般在左影像上先确定一个待定点，称为目标点，以此待定点为中心选取 $m \times n$（可取 $m = n$）个像素的灰度阵列作为目标区域或称为目标窗口。为了在右影像上搜索同名像点，必须估计出该同名像点可能存在的范围，建立一个 $k \times l$（$k > m$，$l > n$）个像素的灰度阵列作为搜索区，相关的过程就是依次在搜索区中取出 $m \times n$ 个像素灰度阵列（搜索窗口通常取 $m = n$），计算其与目标区域的相似性测度

$$\rho_{ij}\left(i = i_0 - \frac{l}{2} + \frac{n}{2}, \cdots, i_0 + \frac{l}{2} - \frac{n}{2}; j = j_0 - \frac{k}{2} + \frac{m}{2}, \cdots, j_0 + \frac{k}{2} - \frac{m}{2}\right), (i_0, j_0) \tag{6-16}$$

如图 6-19 所示，当 ρ 取得最大值时，该搜索窗口的中心像素被认为是同名点：

$$\rho_{c,r} = \max\left\{\rho_{ij} \left| \begin{array}{l} i = i_0 - \frac{l}{2} + \frac{n}{2}, \cdots, i_0 + \frac{l}{2} - \frac{n}{2} \\ j = j_0 - \frac{k}{2} + \frac{m}{2}, \cdots, j_0 + \frac{k}{2} - \frac{m}{2} \end{array}\right.\right\} \tag{6-17}$$

则（c, r）为同名像点（有的相似性测度可能是取最小值）。

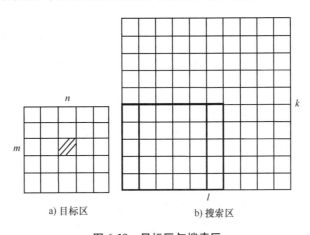

a) 目标区　　　　b) 搜索区

图 6-19 目标区与搜索区

（2）一维相关 一维相关是在核线影像上只进行一维搜索。一维相关目标区的选区一般应与二维相关时相同，取一个以待定点为中心，$m \times n$（通常可取 $m = n$）个像素的窗口。

此时搜索区为 $m \times l$ （$l > n$）个像素的灰度阵列，搜索工作在一个方向进行，即计算相似性测度

$$\rho_i \left(i = i_0 - \frac{l}{2} + \frac{n}{2}, \cdots, i_0 + \frac{l}{2} - \frac{n}{2} \right) \tag{6-18}$$

当

$$\rho_c = \max \left\{ \rho_i \left| i = i_0 - \frac{l}{2} + \frac{n}{2}, \cdots, i_0 + \frac{l}{2} - \frac{n}{2} \right. \right\} \tag{6-19}$$

时，(c, j_0) 为同名点，如图 6-20 所示，其中 (i_0, j_0) 为搜索中心。

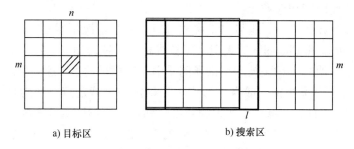

a) 目标区　　　　　　　b) 搜索区

图 6-20　一维相关目标区与搜索区

2. 基于物方的影像匹配法

影像匹配的目的是提取物体的几何信息，确定其空间位置，因而在由谱分析的影像匹配方法获取左右影像的位移（视差）后，还要利用空间前方交会方法解算其对应物点的空间三维坐标 (X, Y, Z)，然后建立数字表面模型（如数字地面模型 DTM），在建立数字表面模型时可能还会使用一定的内插法，使得精度或多或少地降低。因此，能够直接确定物体表面点空间三维坐标的基于物方的影像匹配方法得到了研究，这些方法也被称为"地面元影像匹配"。此时待定点平面坐标 (X, Y) 是已知的，只需要确定其高程 Z。因而基于物方的影像匹配也可以理解为高程直接求解的影像匹配方法。

铅垂线轨迹法（VLL 法）是假设在物方有一条铅垂线轨迹，它的像片上的投影也是一条直线，如图 6-21 所示。这就是说 VLL 与地面交点 A 在像片上的构像必定位于相应的"投影差上"。利用 VLL 法搜索其相应的像点 a_1 与 a_2，从而确定 A 点的高程的过程与人工在解析测图仪或立体测图仪上的过程十分相似。

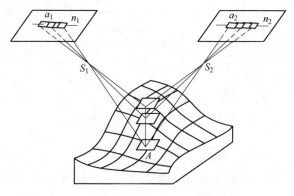

图 6-21　VLL 法影像匹配

三、DEM 基本概念

1. 数字地面模型的概念及形式

与传统的地图对比，DTM 作为地表信息的一种数字表达形式有着无可比拟的优越性。首先，它可以直接输入计算机，供各种计算机辅助设计系统利用；其次，DTM 可运用多层数据结构存储丰富的信息，包括地形图无法容纳与表达的垂直分布地物信息，以适应国民经济各方面的需求。此外，由于 DTM 存储的信息是数字形式的，便于修改、更新、复制及管理，也可以方便地转换成其他形式（包括传统的地形图、表格）的地表资料文件及产品。

数字地面模型 DTM 是地形表面形态等多种信息的一个数字表示。严格地说，DTM 是定义在某一区域 D 上的 m 维向量有限序列：

$$\{V_i, i=1,2,3,\cdots,n\}$$

其向量 $V_i=(V_{i1}, V_{i2}, \cdots, V_{in})$ 的分量为地形 (X_i, Y_i, Z_i) $[(X_i, Y_i)\in D]$、资源、环境、土地利用、人口分布等多种信息的定量或定性描述。DTM 是一种地理信息数据库的基本内核，若只考虑 DTM 的地形分量，我们通常称其为数字高程模型 DEM（Digital Elevaion Model）。

数字高程模型是表示区域 D 上地形的三维向量有限序列 $\{V_i=(X_i, Y_i, Z_i), i=1,2,3,\cdots,n\}$，其中 $(X_i, Y_i)\in D$ 是平面坐标，Z_i 是 (X_i, Y_i) 对应的高程。当该序列中各向量的平面点位是规则格网排列时，则其平面坐标 (X_i, Y_i) 可省略，此时 DEM 就简化为一维向量序列 $\{Z_i, i=1,2,3,\cdots,n\}$，这也是 DEM 名称的缘故。在实际应用中，许多人习惯将 DEM 称为 DTM，实质上它们是不完全相同的。

DEM 有多种表示形式，主要包括规则矩形格网与不规则三角网等。为了减少数据的存储量及便于使用管理，可利用一系列在 X，Y 方向上都是等间隔排列的地形点的高程 Z 表示地形，形成一个矩形格网 DEM，如图 6-22 所示。其任意一个点 $p_{i,j}$ 的平面坐标可根据该点在 DEM 中的行列号 j，i 及存放在该文件头部的基本信息推算出来。这些基本信息应包括 DEM 起始点（一般为左下角）坐标 X_0，Y_0。DEM 格网在 X 方向与 Y 方向的间隔 D_X，D_Y 及 DEM 的行列数 N_Y，N_X 等。点 $p_{i,j}$ 的平面坐标 (X_i, Y_i) 为

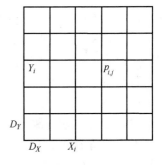

图 6-22　矩形格网 DEM

$$\begin{cases} X_i=X_0+iD_X(i=0,1,2,\cdots,N_X-1) \\ Y_i=Y_0+jD_Y(j=0,1,2,\cdots,N_Y-1) \end{cases} \quad (6\text{-}20)$$

在这种情况下，除了基本信息外，DEM 就变成了一组规则存放的高程值，在计算机高级语言中，它就是一个二维数组或数学上的一个二维矩阵。

由于矩形格网 DEM 存储量小（还可以进行压缩存储），非常便于使用且容易管理，因而是目前运用比较广泛的一种形式。但其缺点是有时不能准确表示地形的结构与细部，因此基于 DEM 描绘的等高线不能准确表示地貌。为弥补其缺点，可采用附加地形特征数据，如地形特征点、山脊线、山谷线、断裂线等，从而构成完整的 DEM。若将按地形特征采集的点按一定规则连接成覆盖整个区域且互不重叠的许多三角形，可构成一个不规则三角网（Triangulated Irreguar Network，TIN）表示的 DEM，通常称为三角网 DEM 或 TIN。TIN 能较好地顾

及地貌特征点、线，表示复杂地形表面比矩形格网（Grid）精确。其缺点是数据量较大，数据结构较复杂，因而使用与管理比较复杂。近年来许多人对TIN 的快速构成、压缩存储及应用做了许多有益的工作。为了充分利用上述两种形式 DEM 的优点，德国 Ebner 教授等提出了 Grid-TIN 混合形式的 DEM，如图 6-23 所示，即一般地区使用矩形网数据结构（还可以根据地形采用不同密度的格网），沿地形特征则附加三角网数据结构。

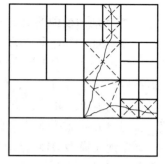

图 6-23　矩形格网
三角网混合形式

2. 数字高程模型的数据获取

为了建立 DEM，必须量测一些点的三维坐标，这就是DEM 数据采集或 DEM 数据获取。被量测三维坐标的这些点称为数据点或参考点。

DEM 数据点的采集方式有很多种，如地面测量，现有地图数字化（手扶跟踪数字化仪和扫描数字化仪），空间传感器，数字摄影测量的方法。

数字摄影测量是空间数据采集最有效的手段，它具有效率高、劳动强度低等优点。利用计算机辅助测图系统可进行人工控制的采样，即 X，Y，Z 三个坐标的控制全部由人工操作；利用解析测图仪或机控方式的机助测图系统可进行人工或半自动控制的采样，其半自动的控制一般由人工控制高程 Z，而由计算机控制平面坐标 X，Y 的驱动；自动化测图系统则是利用计算机立体视觉代替人眼的立体观测。

在人工或半自动方式的数据采集中，数据的记录可分为"点模式"与"流模式"。前者是根据控制信号记录静态量测数据；后者是按一定规律连续性地记录动态的量测数据。

（1）沿等高线采样　在地形复杂及陡峭地区，可采用沿等高线跟踪的方式进行数据采集，而在平坦地区，则不易采用沿等高线的采样。沿等高线采样可按等距离间隔记录数据或按等时间间隔记录数据方式进行。当采用后者时，由于在等高线曲率大的地方跟踪速度较慢，因而采集的点较密集，而在等高线较平直的地方跟踪速度较快，采集的点较稀疏，故只要选择恰当的时间间隔，所记录的数据就能很好地描述地形，且不会有太多的数据。

（2）规则格网采样　利用解析测图仪在立体模型中按矩形格网采样，直接构成规则格网 DEM，当系统驱动测标到格网点时，会按预先选定的参数停留以短暂的时间（如 0.2s），供作业人员精确量测。该方法的优点是方法简单，精度较高，作业效率也较高，缺点是特征点可能丢失，基于这种矩形格网 DEM 绘制的等高线有时不能很好地表示地形特征。

（3）沿断面扫描　利用解析测图仪或附有自动记录装置的立体量测仪对立体模型进行断面扫描，按等距离方式或等时间方式记录断面上点的坐标。由于量测是动态地进行，因而此种方法获取数据的精度比其他方法要差，特别是在地形变化趋势改变处，常常存在系统误差。

（4）渐进采样　为了使采样点分布合理，即平坦地区样点较少，地形复杂地区的样点较多，可采用渐进采样的方法。先按预定的比较稀疏的间隔进行采样，获取一个较稀疏的格网，然后分析是否需要对格网加密。判断方法可利用高程的二阶差分是否超过给定的阈值，或利用相邻三点拟合一条二次曲线，计算两点间中点的二次内插值与线性内插值之差，判断该值是否超过给定的阈值。当超过阈值时，则对格网进行加密采样，然后对较密的格网进行同样的判断处理，直至不再超限或达到预先给定的加密次数（或最小格网间隔），然后再对其他格网进行同样的处理。

（5）选择采样　为了准确地反映地形，可根据地形特征进行选择采样，例如，沿山脊线、山谷线、断裂线进行采集以及离散碎部点（如山顶）的采样。这种方法获取的数据尤其适合于不规则三角网 DEM 的建立，但显然其数据的存储管理与应用均较复杂。

（6）混合采样　为了同时考虑采样的效率与合理性，可将规则采样（包括渐进采样）与选择采样结合起来进行，即在规则采样的基础上再进行沿特征线、点的采样。为了区别一般的数据点与特征点，应当给不同的点以不同的特征码，以便处理时可按不同的合适的方式进行。利用混合采样既可以建立附加地形特征的规则矩形格网 DEM，也可建立沿特征附加三角网的 Grid-TIN 混合形式的 DEM。

（7）自动化 DEM 数据采集　上述方法均是基于解析测图仪或机助测图系统利用半自动化的方法进行 DEM 数据采样的。现在主要利用数字摄影测量工作站进行自动化的 DEM 数据采集。此时可按影像上的规则格网利用数字影像匹配进行数据采集。若利用高程直接求解的影像匹配方法，也可按模型上的规则格网进行数据采集。

数据采集是 DEM 的关键问题，研究结果表明，任何一种 DEM 内插方法，均不能弥补由于取样不当所造成的信息丢失。数据点太稀，会降低 DEM 的精度；数据点过密，又会增大数据获取和处理的工作量，增加不必要的存储量。这需要在 DEM 数据采集之前，按照所需的精度要求确定合理的取样密度，或者在 DTM 数据采集过程中根据地形的复杂程度动态地调整取样密度。对 DEM 的质量控制有许多方法，这里主要介绍插值分析法。

它是以线性内插的误差满足精度要求为基础的数据采集质量控制方法，渐进采样就是应用此方法的典型例子。线性内插的精度估计可以相对于实际量测值（看作真值），也可以相对于局部拟合的二次曲线（或曲面），因为在小范围内，一般地面总可以用一个二次曲面逼近，而将该二次曲面近似作为真实地面。地面弯曲的度量——曲率可以近似用二阶差分代替，而二阶差分只与"二次内插与线性内插之差"相差一个常数因子，因此也可利用二阶差分对 DEM 数据采集进行控制。插值分析法是一种简单易行的方法，但要处理好其采样可能疏密不均的数据存储问题。此外，还有由采样定理确定采样间隔，由地形剖面恢复误差确定采样间隔及考虑内插误差的采样间隔等方法，它们均需做地形功率谱估计，因此较为复杂。

3. 数字高程模型的内插方法

DEM 内插就是根据参考点上的高程求出其他待定点上的高程，在数学上属于插值问题。由于所采集的原始数据排列一般是不规则的，为了获取规则格网的 DEM，内插是必不可少的重要步骤。任意一种内插方法都是基于原始函数的连续光滑性，或者说邻近的数据点之间存在很大的相关性，这才有可能由相邻近的数据点内插出待定点的数据。对于一般的地面，连续光滑条件是满足的，但大范围内的地形是很复杂的，因此整个地形不可能像通常的数字插值那样用一个多项式来拟合。因为用低次多项式拟合，其精度必然很差；而高次多项式又可能产生解的不稳定性。因此在 DEM 内插中一般不采用整体函数内插（即用一个整体函数拟合整个区域），而采用局部函数内插。此时是把整个区域分成若干分块，对各分块使用不同的函数进行拟合，并且要考虑相邻分块函数间的连续性。对于不光滑甚至不连续（存在断裂线）的地表，即使在一个计算单元中，也要进一步分块处理，并且不能使用光滑甚至连续条件。此外还有一种逐点内插法被广泛使用，它是以每一个待定点为中心，定义一个局部函数拟合周围的数据点。逐点内插法十分灵活，一般情况下精度较高，计算方法简单又不需要很大的计算机内存，但计算速度可能比其他方法慢，主要方法有移动曲面拟合法、有限元法内插等。

4. DEM 的存储与管理

经内插得到的 DEM 数据（或直接采集的格网 DEM 数据）需以一定结构与格式存储起来，以利于各种应用。其方式可以是以图幅为单位的文件存储或建立地形数据库。当 DEM 的数据量较大时，必须考虑其数据的压缩存储问题。而 DEM 数据可能有各种来源，随着时间变化，局部地形必然会发生变化，因而也应考虑 DEM 的拼接、更新的管理工作。

（1）DEM 数据文件的存储　将 DEM 数据以图幅为单位建立文件，存储在磁带、磁盘或光盘上，通常其文件头（或零号记录）存放有关的基础信息，包括起点平面坐标、格网间隔、区域范围、图幅编号，原始资料有关信息，数据采集仪器、手段与方式，DEM 建立方法、日期与更新日期，精度指标以及数据记录格式等。

文件头之后就是 DEM 数据的主体——各格网点的高程。每个小范围的 DEM，其数据量大，可直接存储，每一记录为一点高程或一行高程数据，这对使用与管理都十分方便。对于较大范围的 DEM，其数据量较大，必须考虑数据的压缩存储，此时其数据结构与格式随所采用的数据压缩方法各不相同。

除了格网点高程数据，文件中还应存储该地区的地形特征线、点的数据，它们可以以向量方式存储，其优点是存储量小，缺点是有些情况下不便使用。也可以以栅格方式存储，即存储所有的特征线与格网边的交点坐标，这种方式需要较大的存储空间，但使用较方便。

（2）地形数据库　世界上已有一些国家建立全国范围的地形数据库。美国国防制图局已把全美国的 1∶250000 比例尺地图进行了数字化，并提交给美国地质测量管理局，供用户使用。加拿大、澳大利亚、英国等国家也都相继进行了类似的工作。

小范围的地形数据库应纳入高斯-克吕格坐标系，这样能方便应用。但是大范围的地形数据库应纳入高斯-克吕格坐标系，还是纳入地理坐标系，还需要研究。地理坐标系最重要的优点是在高斯-克吕格投影的重叠区域内消除了点的二义性；但其最主要的缺点是与库存数据的对话更加困难了。因此从便于使用的角度考虑，以高斯-克吕格坐标系为基础的数字高程数据库可能具有更多的优点。

大范围的 DEM 数据库数据量大，因而较好的方法是将整个范围划分成若干地区，每一地区建立一个子库，然后将这些地区合并成一个高一层次的大区域构成整个范围的数据库。每个子库还可进一步划分直至以图幅为单位（具体设计可参考有关数据库文献），以便为后继应用提供一个好的接口。

地形数据库除了存储高程数据外，也应该存储原始资料、数据采集、DEM 数据处理与提供给用户的有关信息。

（3）DEM 数据的压缩　数据压缩的方法有很多，在 DEM 数据压缩中常用的方法有整型量存储、差分映射及压缩编码等。

（4）DEM 的管理　若 DEM 以图幅为单位存储，每一存储单位可能由多个模型拼接而成，因而要建立一套管理软件，以完成 DEM 按图幅为单位的存储、接边及更新工作。对每一图幅可建立一个管理数据文件以图形方式显示在计算机屏幕上，使操作人员可清楚、直观地观察到该图幅 DEM 数据录入的情况。当任何一块数据被记录时，应与已记录的数据进行接边处理。最简单的办法是取其平均值，也可按距离进行加权平均。录入的数据在该图幅DEM 所处的位置也要登记在管理数据文件中。

5. 三角网数字地面模型

对于非规则离散分布的特征点数据，可以建立各种非规则网的数字地面模型，如三角网、四边形网或其他多边形网，但其中最简单的还是三角网。不规则三角网（Triangulated Irregular Network，TIN）数字地面模型能很好地顾及地貌特征点、线，因而近年来得到了较快的发展。

三角网 DTM 的建立应基于最佳三角形的条件，即应尽可能保证每个三角形是锐角三角形或三边的长度近似相等，避免出现过大的钝角或过小的锐角。

四、核线影像生成

完成模型的相对定向后就可生成非水平核线影像，但是要生成水平核线影像必须先完成模型的绝对定向。核线影像的范围可由人工确定，也可由系统自动生成最大作业区。

核线影像生成的主要作业步骤为：进入相对定向界面→定义作业区→生成核线影像→退出。

1. 进入相对定向界面

1）如果当前处于绝对定向界面，请先从绝对定向界面回到相对定向界面。

2）如果已退出相对定向模块，在 VirtuoZo 主界面中单击处理→模型定向→相对定向，进入相对定向界面。

2. 定义作业区

（1）人工自由定义　在相对定向界面中，人工定义当前模型下的作业区。首先，在影像显示窗口中右击，在系统弹出的右键菜单中单击定义作业区菜单项；然后，在影像显示窗口中拉框选定作业区。系统用绿色矩形框显示作业区范围。

（2）系统自动定义　在相对定向界面中，由系统自动定义当前模型下的最大作业区。首先，在影像显示窗口中右击；然后，在系统弹出的右键菜单中单击自动定义最大作业区菜单项，系统将自动生成最大作业区。若在 VirtuoZo 主界面中单击处理→核线重采样菜单项或批处理生成核线影像时没有定义作业区，系统则自动生成最大作业区。

说明：

如果已由系统自动生成最大作业区，或在以前的作业中已定义作业范围，则无须进入相对定向界面定义作业区，可直接在 VirtuoZo 主界面中单击处理→核线重采样菜单项或批处理生成核线影像即可。

若用户没有定义过作业区，直接单击处理→核线重采样菜单项或批处理生成核线影像，则系统会自动生成最大作业区，并按照该范围生成核线影像。

3. 生成核线影像

在系统弹出的右键菜单中单击生成核线影像菜单项，系统自动生成当前模型的核线影像。也可退出相对定向，在 VirtuoZo 主界面中单击处理→核线重采样菜单项或批处理生成核线影像。

注意：只有进行绝对定向以后，才可生成水平核线影像。若仅进行相对定向，只能生成非水平核线影像。

4. 退出

在系统弹出的右键菜单中单击退出菜单项，退出定向模块，返回系统主界面。

五、特征提取

特征地物量测包括特征点、特征线和特征面的量测。系统将量测结果保存为"∗．ppt"文件。下次打开该模型时，系统将自动显示已量测过的特征点、特征线和特征面。

基于立体模型的同名点可由人工进行量测，也可由系统自动匹配进行量测。

1. 量测特征点

（1）人工量测方式　单击加点图标 ，移动鼠标使左测标对准加点处，然后使用调整测标视差的方法使测标切准地面，单击后即加入一点。

（2）自动匹配量测方式　单击自动匹配点图标 和加点图标 ，然后移动鼠标使左测标对准加点处并单击，系统将根据匹配结果自动切准地面，无须用户人工调整测标视差。

注意：必须至少先量测一个点，才可使用自动匹配功能。

2. 量测特征线

（1）人工量测方式　单击加线图标 ，移动鼠标使左测标对准特征线第一个节点处，并使用调整测标视差方法使测标切准地面，单击后即确定特征线的第一个节点。依次量测该特征线上的其他节点，右击结束该特征线的量测。

（2）自动匹配量测方式　单击自动匹配点图标 和加线图标 ，移动鼠标使左测标对准特征线第一个节点处并单击，则系统将根据匹配结果自动切准地面并确定特征线的第一个节点。依次量测该特征线上的其他节点，右击结束该特征线的量测。

3. 量测特征面

（1）人工量测方式　单击加面图标 ，移动鼠标使左测标对准特征面边缘的第一个节点处，然后使用调整测标视差方法使测标切准地面，单击后即确定特征面边缘的第一个节点。依次量测该特征面轮廓的其他节点，右击结束该特征面的量测。

（2）自动匹配量测方式　单击自动匹配点图标 和加面图标 ，然后移动鼠标使左测标对准特征面轮廓第一个节点处并单击，则系统将根据匹配结果自动切准地面，单击后即确定特征面轮廓的第一个节点。依次量测该特征面轮廓上的其他节点，右击结束该特征面的量测。

4. 编辑操作

只有切换到编辑状态，才能进行编辑操作（按下编辑状态图标或右击，在量测状态与编辑状态之间切换）。编辑中常用到键盘上的三个快捷键：Delete（删除选中的当前节点）、Insert（插入一个节点）和 M（移动当前节点）。有以下几种编辑操作：

（1）选择节点　在编辑状态下，在要选择的节点上单击，该节点即被选中，并用红色方框标识出来。

（2）移动节点点位　在编辑状态下，选择要移动的节点，然后按〈M〉键并移动鼠标，在新位置单击以移动当前点的点位。

（3）调节节点高程　在编辑状态下，选择要调节高程的节点，然后按下鼠标中键或按住键盘上的〈Shift〉键，同时左右移动鼠标即可调节该点高程。

（4）插入节点　该功能适用于对线状特征地物和面状特征地物的编辑。具体操作为：在编辑状态下，选择特征线或特征面上的一个节点，然后按〈Insert〉键，再用量测特征点的方式量测一个节点，该点被插入到所选节点的前面。

（5）删除节点　在编辑状态下，选择要删除的节点，然后按〈Delete〉键，即可删除该节点。

（6）删除特征地物　该功能适用于删除特征点、特征线和特征面。具体操作为：在编辑状态下，选中要删除地物上的任一节点，则此时当前地物的所有其他节点都以蓝色方框标识，单击删除地物图标，即可删除该地物。

5. 存盘退出

1）单击"文件"→"保存"，将量测结果保存在"＊.ppt"文件中。

2）单击"文件"→"退出"，退出匹配预处理模块。

六、匹配结果编辑

在 VirtuoZo 主界面中单击"处理"→"匹配结果的编辑"选项，系统弹出"匹配编辑"窗口，如图 6-24 所示。

图 6-24　"匹配编辑"窗口

窗口分为三个部分。左上方为功能按钮面板，排列着各种编辑功能按钮。左下方为全局视图窗口，显示当前模型的左核线影像的全貌。右边为编辑窗口，放大显示全局视图窗口中黄色矩形框内的影像，用户在此进行匹配结果的编辑。

1. 进入编辑界面

在 VirtuoZo 主界面中单击"处理"→"匹配结果的编辑"选项，进入匹配编辑模块。当屏幕显示的是立体影像时，需使用闪闭式立体镜进行观测，当分窗显示左右影像时，需使用反光立体镜进行观测。

2. 设置编辑窗口中的显示选项

在编辑状态按钮栏中单击合适的按钮，设置编辑窗口中影像、等值线和匹配点的显示状态。

3. 选择编辑模式：面方式或线方式

在编辑状态按钮栏中单击面方式按钮或线方式按钮，进入面编辑状态或线编辑状态。

4. 调整显示参数

在右键菜单中，单击合适的菜单项，设置窗口显示内容。

5. 定义编辑范围

1）选择点：将十字光标置于作业区内的某匹配点上即选中了该点。

2）选择矩形区域：在编辑窗口中按住鼠标左键拖曳出一个矩形框，松开左键，矩形区域中的点变成白色，即选中了此矩形区域。

3）选择多边形区域：在右键菜单中单击"开始定义作业目标"选项，然后在编辑窗口中依次单击多边形节点，定义所要编辑的区域，按下键盘上的〈Backspace〉键或〈Esc〉键可以依次取消最近定义的节点。单击右键菜单中的"结束定义作业目标"选项将多边形区域闭合，此时该多边形区域中的点变成白色，即表示选中了此多边形区域。

4）选择断面：单击"断面编辑"按钮，则编辑窗口中显示一条红色断面线（断面线上有若干短横线，表示断面线节点）。

5）选择特征线：在线编辑模式下进行此操作。操作过程与选择多边形区域相同。

6）选择多个区域：按住〈Shift〉键，可同时选择多个矩形、多边形区域或多条特征线。

7）选择大区域：当所选区域超出编辑窗口的显示范围时，可先在当前编辑窗口中选择多边形区域（此时不单击结束定义作业目标菜单项），然后将光标移至显示全局视图窗口，移动黄色方框至所需要的区域，再将光标移回编辑窗口继续选择多边形节点，直至选中所有的多边形节点，然后单击结束定义作业目标菜单项，闭合多边形，所定义区域中的点变为白色，即选中了该大区域。

注意：特征线的选择应在线编辑状态下进行，区域选择应在面编辑状态下进行。

6. 选择编辑方法

（1）匹配点高程的升降

1）单点。将十字光标贴近作业区内的某匹配点，同时按键盘上的上、下方向键，将该点抬高或降低。

2）区域。在面编辑的状态下，选择要编辑的区域，然后在整个区域向上按钮右边的文本框中输入某个数值，再单击整个区域"向上"按钮，则区域内所有匹配点均按给定值抬高或降低。也可以按键盘上的上、下方向键来抬高或降低整个区域的高程。

（2）面编辑方法　在面编辑的状态下方可进行区域的编辑。

1）平滑计算。选择编辑区域后，选择合适的平滑程度（有轻度、中度和重度三种选项），再单击"平滑算法"按钮，系统即对所选区域进行平滑运算。

2）拟合计算。选择编辑区域后，选择合适的拟合算法（曲面、平面），再单击"拟合算法"按钮，系统即对所选区域进行拟合运算。

3）拟合为平均水平面。选择编辑区域后，单击"置平"按钮，系统则把所选区域拟合为一水平面，其高程为该区域中所有高程点的平均值。

4）拟合为某一定值的水平面。先选择编辑区域，再将光标放在某点上，此时，功能按钮面板顶端会显示该点高程值，然后单击"定值平面"按钮，在系统弹出的对话框中输入该高程值，单击"确定"按钮，系统则将当前区域拟合为与此点高程相同的平面。

5）插值运算。选择编辑区域后，单击"上/下"或"左/右"选项，单击"匹配点内插"按钮或"量测点内插"按钮，系统将根据所选区域边缘的高程值对区域内部的点进行相应的插值计算。

（3）线编辑方法

1）山脊/山谷、道路编辑。在线编辑状态下，定义特征线并在文本框中输入格网间距数。单击相应按钮即可对特征线两边格网宽度范围内的区域进行相应操作。

① 若对山脊/山谷进行编辑，先沿山脊或山谷量测一特征线，再设置间距，并单击"脊/沟"按钮，系统将根据特征线及其两边匹配点的高程值重新计算高程。

② 若对道路进行编辑，先沿道路中线量测一特征线并设置间距（一般为1/2路宽），再单击"推平"按钮，该道路路面上点的高程被设为一致，即道路被推平。

2）断面编辑。

① 单击"断面编辑"按钮，编辑窗口中显示一断面线。断面线上有许多节点。按〈F1〉或〈F2〉键能使节点变得稀疏或密集。按左、右键能使断面线左右平移。

② 由于从断面线上能快速发现匹配不正确的点，因此，断面编辑常用于检查匹配编辑的结果。将光标移至未切准地面的节点处，按上、下方向键来调整该节点的空间位置，直至切准地面为止。

匹配编辑完成并保存后，新的影像匹配结果文件将覆盖原"〈立体像对名〉.plf"文件。该文件将用于建立 DEM。

七、DEM 生成及编辑

1. DEM 生成方式

有两种处理方式生成 DEM：

（1）在单个模型 DEM 的基础上进行拼接

1）分别建立每个模型的 DEM。在 VirtuoZo 主界面中单击"产品"→"生成 DEM"选项，或利用批处理功能即可建立每个模型的 DEM。

2）拼接各个模型的 DEM，建立整个图幅或区域的 DEM。

注意：此时用户不能在设置 DEM 对话框（单击"设置"→"DEM 参数"选项，可弹出该对话框）中手动修改 DEM 参数。若已经修改，请将其恢复为默认状态或直接将模型的"＊.dtp"文件删掉。

（2）直接自动生成大范围（含多个立体模型）的 DEM

1）设置 DEM 参数。在 VirtuoZo 主界面中单击"设置"→"DEM 参数"选项，在系统弹出的对话框中输入 DEM 的坐标范围（通常是图廓范围）和生成该 DEM 所需的所有立体模型范围（应已做过匹配处理和必要的编辑）。

2）在 VirtuoZo 主界面中单击"产品"→"生成 DEM"选项，系统将自动建立各模型对应的 DEM，并将其自动拼接成用户所需的 DEM。

说明：这种方式将各个模型 DEM 的自动建立、批处理功能和 DEM 的自动拼接合为一步进行，可以直接建立起覆盖整个图幅范围或更大范围的 DEM，其自动化程度和作业效率将大为提高。

2. DEM 编辑

（1）DEMMaker 功能　DEMMaker 模块用于 DEM 的交互式编辑并结合矢量特征生成 DEM。有以下四种典型的工作方式：

1）装载立体模型，在立体模型上对特征地物进行数据采集和编辑，获得具有一定密集度的地面特征，然后构建三角网，最后生成 DEM。

2）引入利用自动匹配的结果所生成的 DEM，利用区域特征匹配和各种区域算法进行 DEM 区域编辑。

3）全手工单点编辑或自动走点编辑。

4）引入该地区已有的矢量文件"＊.xyz"，指定地物层，自动构建三角网，生成 DEM。用户可以根据以上四种方式灵活地组合使用，以达到精确生成 DEM 的目的。

（2）使用 DEMMaker 生成 DEM

1）启动 DEMMaker。可以使用以下两种方式之一启动 DEMMaker 模块：

① 启动 VirtuoZo，在 VirtuoZo 主界面中单击"产品"→"生成 DEM"→"DEMMaker"选项，启动 DEMMaker 模块。

② 在 VirtuoZo 的 Bin 目录下，双击可执行文件"DemMaker.exe"，启动 DEMMaker 模块。

2）新建或打开特征文件。从主界面上启动 DEMMaker，系统将自动寻找和当前打开模型同名，并且扩展名是 ftr 的特征文件，若该文件存在就将其打开；若不存在则依次自动完成下列操作：创建特征文件、设置作业区范围、创建 DEM 对象、创建 DEM 数据和加载当前模型的 DEM。

3）使用 DEMMaker 生成 DEM 的基本作业流程。

① 单击"文件"→"参数"选项，在设置作业区对话框中单击"引入地图参数"按钮，引入一个已经存在的图廓参数。

② 如果需要引入已经存在的测图文件"＊.xyz"，请参见引入测图矢量文件。引入一个已经存在的测图矢量文件"＊.xyz"时应注意：

a. 因为测图时量测的地物不全在地面上，因此，不是所有的地物层都能参与构建三角网，如房屋、架空管线等。

b. 在引入已经存在的测图文件"＊.xyz"时，如果存在一些不应引入的地物，如房屋等，那么应该分段引入。也可在引入测图矢量文件后，在层控制对话框中删除一些层。

c. 建议按照以下步骤引入测图文件：

a）激活当前矢量窗口。

b）单击"文件"→"引入"→"测图矢量文件"选项，引入一个该地区的测图矢量文件。

c）引入后，单击工具栏上的"层控制"图标，将矢量线划图中的特定层转换为特征层。

d）实现层转换后，系统将自动构建三角网。

4）装载立体模型。单击"装载"→"立体模型"选项，装载 DEM 对应的立体模型。装载立体模型之后，激活立体模型窗口，单击"文件"→"设置模型边界"选项，设置当前特征文件的边界。

5）量测地物。

① 在 DEMMaker 中编辑的特征文件与在 IGS 中编辑的".xyz"文件并不相同。

a. 在 IGS 中是对每一种地物进行量测，每一种地物都对应有一个地物特征码，如道路、河系等。

b. 在 DEMMaker 中，量测主要分为三种：

a）一般特征地物量测（如点、线等）。

b）断裂线量测（如陡坎、陡崖等）。

c）特征面量测（如倾斜的耕地等）。

② 在 DEMMaker 中量测时，其操作方法与 IGS 是一致的。

③ 量测地貌特征后，程序会根据这些特征地物自动构建三角网（可以单击辅助层显示图标🔍，显示或隐藏该三角网）。

说明：

1）在矢量窗口中，每次矢量窗口自动刷新或用户按〈F5〉键刷新时，系统均会用量测出的特征的所有节点自动构建普通三角网（不带强制连接条件）。

2）当用户按〈F4〉键刷新时，系统则会强制连接并构建三角网（即强制连接所有的线状和面状特征构建三角网）。命令行中会显示相关的提示信息。

3）用三角网内插 DEM 时，系统会自动采用强制连接构建三角网的方式。强制连接构建三角网失败的原因可能是：线状或面状特征存在交叉情况。两个节点的平面坐标相同而高程值不同，即同一点的高程存在二义性。

6）创建 DEM 对象。单击创建 DEM 对象图标🔲，创建一个 DEM 对象。系统弹出"DEM 参数设置"对话框，如图 6-25 所示。

在"DEM 参数设置"对话框中设置 DEM 参数，包括：DEM 范围和 DEM 格网间距。设置之后单击"自动规划"按钮，系统会将设定的参数值应用到整个格网上。

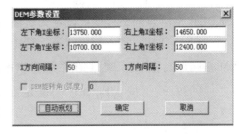

图 6-25　"DEM 参数设置"对话框

注意：此处设置的并不是导出的 DEM 产品的参数。

① DEM 的格网间距。为了提高作业效率，可以只对 DEM 粗格网点进行编辑，然后在产品输出时一次性内插生成 DEM 细格网。如：在此处将 DEM 格网间距设为"100"，则用户在 DEMMaker 中只对间隔为 100 的粗格网点进行编辑。在编辑完成，导出 DEM 时，再将导出 DEM 间距设为"50"，则程序在导出时一次性内插生成间隔为 50 的 DEM 文件。

② DEM 旋转角。为了方便快速地处理第三方的 DEM 数据，系统默认旋转角为零（该

处不能修改)。但是在输出 DEM 时,系统会根据设置 DEM 对话框 (在 VirtuoZo 主界面中单击设置 DEM 菜单项弹出该对话框) 中的参数,自动进行处理。

③ 为了在进行 DEM 编辑时能够随时查看编辑结果,建议在设置 DEM 对话框中将 DEM 旋转角设为零 (即设定 DEM 不旋转) 或在设置测区对话框中将 DEM 旋转设为旋转。

7) 设定 DEM 范围。进入编辑状态,再用鼠标拖动 DEM 范围框 (屏幕上的蓝色框) 的角点,即可编辑当前 DEM 范围。

8) 创建 DEM 数据。

① 单击创建 DEM 数据图标 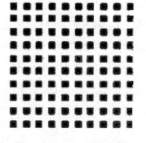,系统根据定义的 DEM 范围创建 DEM 格网点数据。其初始值为 "–9999.9"。

② 创建 DEM 数据之后就不允许再对 DEM 的范围进行编辑。此时如果需要编辑 DEM 范围,则需要重新建立一个 DEM 对象。具体步骤如下:

a. 重新单击新建 DEM 对象图标,系统弹出对话框,单击 "确定" 按钮,删除已生成的 DEM 数据。

b. 系统随即弹出 DEM 参数对话框,在此对话框中单击 "自动规划" 按钮,系统将根据 DEM 参数设置重新进行自动规划。自动规划时,系统自动将 DEM 分为 10×10 的方块,方便用户分块进行编辑。用户可对每一个 DEM 块进行块操作,或对块中的点进行点操作。

c. 切换到编辑状态,然后单击选取当前 DEM (即红色矩形框的范围),此时程序会显示出格网块。其中,蓝色表示选中的 DEM 格网块,红色表示当前选中的点,如图 6-26 所示。

9) 编辑 DEM 格网。

① 手工设置一个任意区域内的格网点高程。进入编辑状态,选中一个区域,单击区域设置 DEM 格网点高程图标,在系统弹出的对话框中输入相应的高程值,按〈Enter〉键确定后,则该区域 DEM 格网点的高程就被设定为所输入的高程值。

② DEM 裁切。进入编辑状态,选中一个区域,单击区域设置 DEM 格网点高程图标,在系统弹出的对话框中输入无效高程值 "–9999.9",按〈Enter〉键确定后,则系统将自动裁切该区域。

图 6-26　DEM 格网块

a. 内裁切。

b. 外裁切。

c. 按线路裁切。

③ 编辑指定的 DEM 格网点。系统用蓝色格网块表示当前选中的格网块,用红色表示选中的 DEM 格网点。

选中 DEM 格网点后,可进行格网点的高程调整,有直接输入和量测两种方式:

a. 手工输入该点的高程。按鼠标右键,在弹出的右键菜单中单击 "坐标" 选项,在系统弹出的 "设置曲线坐标" 对话框中修改相应的高程值。

b. 用鼠标或手轮、脚盘量测该点的高程。

④ 自动走点编辑。为了提高手工编辑 DEM 格网点的效率，DEMMaker 提供了自动走点功能，以帮助用户快速、正确地选择格网点。其操作步骤为：

a. 打开立体模型。DEMMaker 模块支持闪闭立体方式、红绿立体方式、双屏立体和分窗立体的显示方式。

b. 按下自动走点图标，系统进入自动走点状态。

c. 在编辑状态下，按下〈End〉键。若此时没有选中任何 DEM 格网块，程序会提示是否从头开始对 DEM 格网逐点编辑，并自动走到第一块。当编辑完一个 DEM 格网块时，程序会自动走到下一个 DEM 格网块。当编辑完最后一个 DEM 格网块时，系统会提示该块为最后一个 DEM 格网块，编辑结束。

d. 用手轮、脚盘、鼠标或三维鼠标等输入设备对当前选中的 DEM 格网点高程进行编辑时，如果该块剩余的格网点已经编辑，可按〈End〉键直接切换到下一个 DEM 格网块，直到编辑结束。

⑤ 利用匹配结果及特征地物综合编辑 DEM 格网。利用匹配结果及特征地物综合编辑 DEM 格网，使 DEM 格网点准确地贴于地表面。

说明：在地形较连续的区域，引入匹配结果或进行区域特征匹配生成 DEM 的效率要高于由 TIN 生成 DEM。因为在这些区域，如果直接用构建三角网的方法生成 DEM，量测特征地物的工作量将非常大。

一般在匹配效果不好的地方加测少量特征线，然后单击区域特征匹配生成 DEM 图标 ![icon] 生成该区域的 DEM。由于该功能只进行局部范围的匹配，速度很快，因此在量测特征地物后可以马上看到特征匹配结果，节省在模块间切换的时间，从而提高效率。具体的操作步骤为：

a. 打开立体模型。

b. 量测并选择一个区域。

c. 单击区域特征匹配生成 DEM 图标 ![icon]，生成该区域的 DEM 格网点。

d. 如果 DEM 生成的效果不好，则有针对性地加测少量特征线。再单击区域特征匹配生成 DEM 图标 ![icon] 重新生成该区域的 DEM 格网点。

10）输出 DEM。DEM 格网编辑完成后，激活矢量窗口，单击"导出 DEM"选项，即可输出 DEM 产品。在量测辅助区域（层码为 19005）时，建议将区域轮廓的节点咬合到 DEM 格网点上。具体操作步骤为：

① 生成 DEM 数据层。

② 在"DEM 生成模块选项"对话框中的咬合设置页面中选中"二维咬合"复选框。

③ 在量测时，如果量测的当前节点成功地咬合到 DEM 格网点上，计算机的喇叭就会发出蜂鸣声提示咬合成功。若咬合不成功，则不会有此声音提示。

3. 特例处理

用户可以根据实际情况灵活运用 DEMMaker 模块提供的各项功能，高效快速地生成符合作业要求的 DEM，以下的六种处理方式供用户参考。

（1）落水区域的处理

1）若水面为一平面，可采用的方式。

① 单击 DEM 引入区域图标，定义落水的封闭区域。

② 切换至编辑状态，选中该封闭区域。

③ 单击区域设置 DEM 格网点高程图标，在对话框中直接指定该区域的高程。

2）若水面为一斜面（如河流），可采用的方式。

① 采用量测特征面的方式量测该区域，程序会自动根据该特征面构建三角网。

② 利用三角网内插直接形成该区域的 DEM。

说明：此方式也可用于对田块等面状特征的处理。

（2）城区普通地貌的处理

1）引入矢量测图中量测的道路层。

2）将其转换为特征层 11000（若没有相应的矢量信息，也可直接在该模块中量测道路特征线），程序会根据特征自动构建三角网。

3）对于起伏明显的地区可采用量测特征点的方式，量测一些碎部点参与构网。

4）利用三角网内插生成 DEM。

（3）城区复合地貌的处理

1）对于普通城区地貌的处理方法，请参见城区普通地貌的处理。

2）对于城区中的小山或开阔的连续地貌，可直接按区域引入匹配生成的 DEM 格网。

3）对于匹配效果不太好，但地形连续的地方，可直接使用区域特征匹配生成该区域的 DEM。

4）对于非常难处理的区域，采用自动走点方式逐点进行编辑。

（4）山区的处理

1）引入测图矢量文件中的山脊线、山谷线等矢量层。

2）将其转换为特征层 11000（若没有相应的矢量信息，也可直接在该模块中量测山脊线、山谷线等特征线），程序会根据特征线自动构建三角网。

3）对于匹配效果很好的区域，可单击 DEM 引入区域图标，定义该区域，单击区域引入 DEM 格网点图标，直接引入自动匹配生成的该区域的 DEM。

4）对于局部匹配效果不太好的地方，可直接使用区域特征匹配生成该区域的 DEM。

5）其他区域利用三角网内插生成 DEM。

（5）森林的处理

1）单击 DEM 引入区域图标，准确量出森林地貌的边界，在其范围内量测一些零星碎部点或一些特征线。

2）单击自动匹配切准图标，在区域外围，量测一条包围该区域的特征线。

说明：由于森林边界外的区域匹配效果较好，因此不需要人工切准，自动匹配切准的量测效率更高。

3）选中当前量测的区域，利用三角网内插生成 DEM。

（6）混合地貌的处理

此类地形的数据处理应综合运用以上五种地貌的处理方式，分区域处理。对于非常困难的区域，则要对每个 DEM 格网点做逐点的编辑检查才可生成一个高精度的 DEM。

第四节　数字正射影像生成

一、数字正射影像图

数字正射影像图（Digital Orthophoto Map，DOM）是利用扫描处理的数字化的航空像片或卫星遥感影像，经逐像元进行改正和镶嵌，按一定图幅范围裁剪生成数字正射影像。一般带有公里格、图廓内/外整饰和注记的平面图。它同时具有地图几何精度和航空像片的影像特征。表6-2列出了数字正射影像与一般航空像片的区别。同时，DOM 具有精度高、信息丰富、直观真实等优点，可用来评价其他数据的精度、现势性和完善性；可从中提取自然资源和社会经济发展信息，或派生新的信息。

表 6-2　数字正射影像与一般航空像片的区别

影像类别	投影方式	比例尺	坐标系统	倾斜误差	投影差	色彩	影像拼接	与矢量叠加
数字正射影像	正射投影	固定	存在	无	地面上不存在	经过色差调整、色彩均衡	易、精确	能
一般航空像片	中心投影	不固定	不存在	有	存在	未做色差调整、色彩均衡	难、粗略	不能

根据有关的参数与数字地面模型，利用相应的构像方程，或按一定的数学模型用控制点解算，从原始非正射投影的数字影像获取正射影像，这种过程是将影像化为很多微小的区域逐一进行纠正，且使用的是数字方式处理，故叫作数字微分纠正或数字纠正。

1. 数字微分纠正的基本原理与两种解算方案

数字微分纠正与光学微分纠正一样，其基本任务是实现两个二维图像之间的几何变换。因此与光学微分纠正的基本原理一样，在数字微分纠正的过程中，必须首先确定原始图像与纠正后的图像之间的几何关系。设任意像元在原始图像和纠正后图像中的坐标分别为 (x,y) 和 (X,Y)。它们之间存在着映射关系：

$$x=f_x(X,Y)\,; y=f_y(X,Y) \tag{6-21}$$

$$X=\varphi_x(x,y)\,; Y=\varphi_y(x,y) \tag{6-22}$$

式（6-21）是由纠正后的像点 P 坐标 (X,Y) 出发，反求其在原始图像上的像点 p 坐标 (x,y)，这种方法称为反解法（或称为间接解法）。而式（6-22）则相反，它是由原始图像上像点坐标 (x,y) 求解纠正后图像上相应点坐标 (X,Y)，这种方法称为正解法（或称为直接解法）。下面结合将航空影像纠正为正射影像的过程分别介绍反解法与正解法的数字微分纠正。

2. 反解法（间接解法）的数字微分纠正

（1）计算地面点坐标

（2）计算像点坐标

（3）灰度内插　由于所求得的像点坐标不一定正好落在像元素中心，为此必须进行灰度内插，一般可采用双线性内插方法，求得像点 p 的灰度值 $g(x,y)$。

（4）灰度赋值　将像点 p 的灰度值赋给纠正后的像元素。

依次对每个纠正像元素进行上述运算，即能获得纠正的数字图像，这就是反算法的原理和基本步骤。因此，从原理上讲，数字纠正属于点元素纠正。

3. 正解法（直接解法）**的数字微分纠正**

正解法的数字微分纠正的原理如图 6-27 所示，它是从原始图像出发，将原始图像上逐个像元素用正算公式［式（6-23）］求得纠正后的像点坐标。但这一方案存在着很大的缺点，即在纠正后的图像上所得的像点是非规则排列的，有的像元素内可能出现"空白"（无像点），而有的像元素可能出现重复（多个像点），因此很难实现灰度内插，并获得规则排列的数字影像。

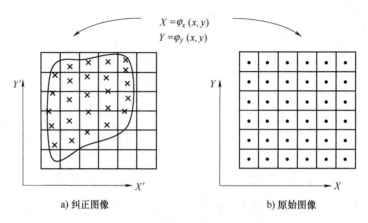

a) 纠正图像　　　　b) 原始图像

图 6-27　正解法的数字微分纠正的原理图

另外，在航空摄影测量情况下，其正算公式为

$$\begin{cases} X = Z\dfrac{a_1 x + a_2 y - a_3 f}{c_1 x + c_2 y - c_3 f} \\[3mm] Y = Z\dfrac{b_1 x + b_2 y - b_3 f}{c_1 x + c_2 y - c_3 f} \end{cases} \tag{6-23}$$

利用上述正算公式，还必须先知道 Z 又是待定量 X，Y 的函数，为此，要由 x，y 求得 X，Y 必须先假定一近似值 Z_0，求得 (X_1, Y_1) 后，再由 DEM 内插得该点 (X_1, Y_1) 处的高程 Z_1；然后由正算公式求得 (X_2, Y_2)，如此反算迭代。因此，由正算公式计算 X，Y，实际是由一个二维图像 (x, y) 变换到三维空间 (X, Y, Z) 的过程，它必须是个迭代求解过程。

由于正解法的上述缺点，数字纠正一般采用反解法。

4. 立体正射影像对制作基本原理

正射影像既有正确的平面位置，又保持着丰富的影像信息，这是它的优点。但是，它的缺点是不包含第三维信息。将等高线套合到正射影像上，也只能部分地克服这个缺点，它不可能取代人们在立体观察中获得的直观立体感。立体观察便于对影像内容进行判断和解译，为此目的，人们可以为正射影像制作出一幅所谓的立体匹配片。正射影像和相应的立体匹配片共同成为立体正射影像对。

为了获得正射影像，必须将 DEM 格网点的 X，Y，Z 坐标用中心投影共线方程变换到影像上，这就是图 6-28a 中绘出的情况。

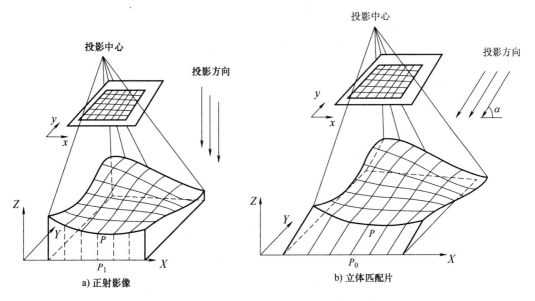

图6-28 立体正射影像对

如果要获得立体效应，就需要引入一个具有人工视察的匹配片。该人工视察的大小应能反映实地的地形起伏情况。最简单的方法是利用投射角为 α 的平行光线法，如图 6-28b 所示。此时，人造左右视差将直接反映实地高差的变化，这可以用图 6-29 做进一步的说明。

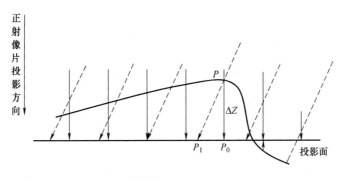

图6-29 斜平行投影

以图 6-28 中地表面上 P 点为例，他相对于投影面的高差为 ΔZ，该点的正射投影为 P_0，该点的斜平行投影为 P_1，正射投影得到正射影像，斜平行投影得到立体匹配片。立体观测得到左右视差 $\Delta P = P_1 - P_0$，显然有：

$$\Delta P = \Delta Z \tan\alpha = k\Delta Z \tag{6-24}$$

由于斜平行投影方向平行于 XZ 面，所以正射影像和立体匹配片的同名点坐标仅有左右视差，而没有上下视差，这就满足了立体观测的先决条件，从而构成了理想的立体正射影像对。在这样的像对上进行立体量测，既可以保证点的正确平面位置，又可方便地求解出点的高程。

二、数字正射影像图镶嵌

1. VirtuoZo 的正射影像制作

生成 DEM 后即可制作正射影像。制作正射影像有两种方式。

（1）方式一的工作流程

1）生成各个模型的 DEM。

2）制作各个模型的正射影像。有单模型处理和批处理两种处理方式。

① 单模型处理方式。逐个模型生成正射影像。在 VirtuoZo 主界面中单击产品→生成正射影像菜单项，系统将自动制作当前模型的正射影像。

② 批处理方式。一次生成多个模型的正射影像。在 VirtuoZo 主界面中单击"工具"→"批处理"选项，系统弹出"批处理"对话框，如图 6-30 所示。

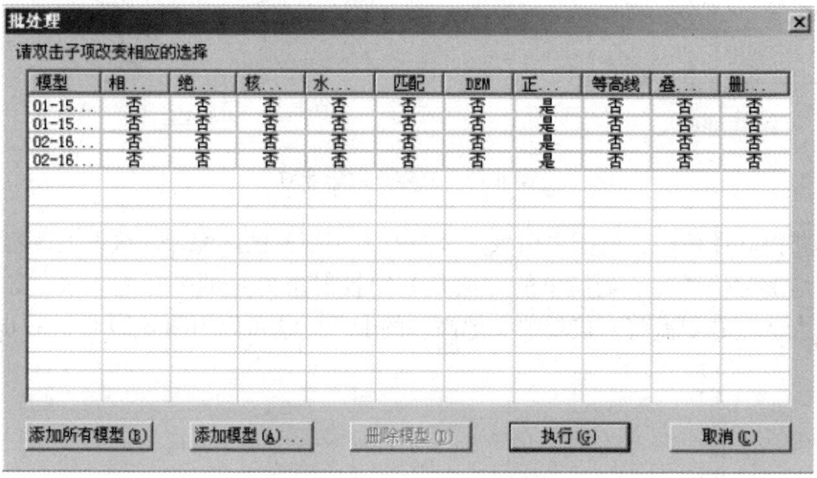

图 6-30 "批处理"对话框

3）生成由多模型拼接的正射影像。

① 在 VirtuoZo 主界面中单击"镶嵌"→"设置"选项，系统弹出"多影像模型"对话框，如图 6-31 所示。

a. 选中右上方"拼接选项"栏中的"正射影像"复选框。

b. 选中"重新生成正射影像"复选框，系统将使用拼接好的 DEM 并读取测区正射影像的 GSD 和成图比例参数，统一生成各模型的正射影像，而不会使用单模型设置的正射影像参数。

c. 选中"允许人工编辑"复选框，则被选区域文本框内的起始点和终止点坐标不再为灰色，用户可以在此输入坐标值修改拼接区域的范围。

d. 因为影像起点不可能恰好落在 DEM 格网点上，选中"影像起点和 DEM 格网点对齐"复选框，系统会从 DEM 格网起点处纠正正射影像。

e. 在"精确到小数点后位"文本框中设置生成的 DEM 所需保留小数位的位数。

f. 在左上方的"请选择拼接区域"中确定进行拼接的范围。在拼接区域栏的模型框内双击鼠标右键，可使模型框颜色在红色和黄色之间切换。红色表示当前模型参与拼接，黄色表示当前模型不参与拼接。若用户在模型框上右击，则系统弹出提示窗口显示当前模型的状态。

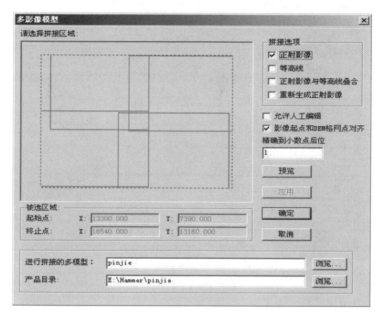

图 6-31　"多影像模型"对话框

g. 在"进行拼接的多模型"文本框中输入生成的产品名称，在"产品目录"后的文本框中输入或选定用来存放拼接所生成的产品文件的目录。

h. 单击"预览"按钮，系统弹出"DEM 的拼接精度"对话框。在"DEM 的拼接精度"对话框中，单击"详细内容"按钮，系统弹出一个文本窗口，显示重叠区域每个格网点的坐标及其误差，可据此结果重新编辑 DEM。

i. 单击"确定"按钮，系统接受用户设置的参数并回到主界面。

② 在 VirtuoZo 主界面中单击"镶嵌"→"DEM 拼接"选项，系统自动进行多模型 DEM 拼接处理。

③ 在 VirtuoZo 主界面中单击"镶嵌"→"自动镶嵌"选项，系统自动生成拼接后的正射影像。

说明：当所需的正射影像包含多个立体模型时，没有必要逐个模型生成正射影像，可在影像镶嵌操作中一次性生成（即在多模型拼接参数设置界面中选中重新生成正射影像选项）。因为此时的 DEM 已做拼接处理，一般能保证正射影像的正确接边。

（2）方式二的工作流程

1）生成多模型的 DEM。

2）由多模型的 DEM 一步生成多影像的正射影像。

① 在 VirtuoZo 主界面中单击"设置"→"正射影像参数"选项，系统弹出"设置正射影像"对话框，如图 6-32 所示。

② 在 VirtuoZo 主界面中单击"产品"→"生成正射影像"选项，系统自动进行多影像正射影像的生成。

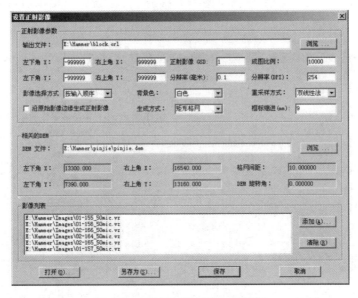

图 6-32 "设置正射影像"对话框

（3）正射影像结果文件

1）默认情况下，由单模型生成的正射影像文件"〈立体模型名〉.orl"或"〈立体模型名〉.orr"，存放于"〈测区目录名〉\〈立体模型名〉\product"目录中。

2）拼接后的正射影像文件"〈多模型名〉.orm"，存放于"〈测区目录名〉"下用户自行设置的产品目录中。

（4）正射影像的显示 正射影像生成后，可显示成果以查看是否正确和完整。有两种显示方式。

1）在 VirtuoZo 主界面中单击"显示"→"正射影像"选项，屏幕上显示当前模型的正射影像，如图 6-33 所示。

图 6-33 模型的正射影像

将光标移至影像中并右击，系统弹出右键菜单，在此可选择不同的显示比例对影像进行缩放。单击"定制比率"选项，系统弹出"影像缩放比率"对话框，用户可以在此定制新的显示比例。

2）在 VirtuoZo 主界面中单击"显示"→"显示影像"选项，系统启动 DisplayImg 模块，用户可在此打开某一正射影像文件进行显示。

2. 景观图的制作

（1）景观图的制作原理　它是在 DEM 透视的基础上，对每一像素赋予一灰度值（或彩色）。常见的有两种方法：

1）由 DEM 与原始影像制作景观图。

2）由 DEM 与正射影像制作景观图。

（2）VirtuoZo 的景观图的制作

1）透视显示。VirtuoZo 系统可以将正射影像叠合到 DEM 上，形成真实景观或电子沙盘。通过缩放、旋转等显示功能，使用户能从不同角度观看叠加了真实地表纹理的地面立体模型。

① 单模型透视显示。建立 DEM 并生成正射影像后，在 VirtuoZo 主界面中单击"显示"→"立体显示"→"透视显示"选项，系统会启动 Drape 模块，自动加载当前模型的 DEM 和正射影像文件，并给定适当的设置，以透视的方式显示出当前模型的三维景观图，如图 6-34 所示。若还没有生成当前模型的正射影像，则仅仅显示 DEM；若还没有生成当前模型的 DEM，则调用此功能时，不作任何显示；若当前模型的正射影像与 DEM 的坐标范围不对应，则调用此功能时，会提示两者不对应，并仅仅显示当前模型的 DEM。

图 6-34　透视显示

② 多模型透视显示。完成 DEM 拼接和正射影像镶嵌后，在 VirtuoZo 主界面中单击"显示"→"立体显示"→"透视显示"选项，进入 Drape 界面，单击"文件"→"打开"选项，

打开拼接后的 DEM 文件与镶嵌后的正射影像文件，系统将在窗口中显示该地区的三维景观图。

2）真立体显示。在 VirtuoZo 主界面中单击"显示"→"立体显示"→"立体显示"选项，进入 Drape 界面。

打开 DEM 文件与正射影像文件后，屏幕上将显示当前测区的单模型或多模型拼接后的三维立体景观图。此时需要通过立体眼镜观看真立体景观图。若已生成当前模型的 DEM 及相应的正射影像，则调用此功能时，默认显示当前模型的三维立体景观；若还没有生成当前模型的正射影像，则仅自动调用 DEM 显示；若还没有生成当前模型的 DEM，则调用此功能时，不作任何显示；若当前模型正射影像与 DEM 的坐标范围不对应，则调用此功能时，会提示两者不对应，并仅仅显示当前模型的 DEM。

用户可以单击"文件"→"打开"选项，选择其他模型，拼接后的多模型的 DEM 或正射影像文件，查看其他模型或拼接后的三维景观。

三、数字正射影像修补

1. VirtuoZo 数字正射影像图 DOM 镶嵌

（1）正射影像的半自动镶嵌

1）主要功能。VirtuoZo 系统的正射影像半自动镶嵌模块主要提供以下功能：

① 手工建立工程（项目），选取拼接线，调整拼接参数，镶嵌正射影像。

② 在没有 DEM 时，也能提供自动镶嵌正射影像的功能。

③ 裁切正射影像。

2）启动 MozaixOrtho。可以使用以下两种方式之一启动 MozaixOrtho 模块：

① 在 VirtuoZo 主界面中单击"镶嵌"→"手工镶嵌"选项。

② 在 VirtuoZo 安装目录的 Bin 目录下，双击可执行文件"MozaixOrtho. exe"。MozaixOrtho 模块启动后，其界面如图 6-35 所示。

图 6-35 "MozaixOrtho"界面

3）操作说明。

① 新建或打开镶嵌工程。在 MozaixOrtho 界面中单击"文件"→"打开工程"选项，系统弹出"打开"对话框，可在此新建工程或打开一个已存在的镶嵌工程（. prj 文件）。

说明：若当前测区已生成部分正射影像，且已经在多影像模型对话框（单击"镶嵌"→"设置"选项，即可弹出）中设置了多模型拼接的名字和路径，则在 VirtuoZo 主界面中单击"镶嵌"→"手工镶嵌"按钮，进入半自动镶嵌正射影像的界面时，就不需要手工建立拼接模型。系统会根据图幅范围自动寻找所需要的正射影像，自动建立当前测区的镶嵌工程，用户可以直接对该测区的正射影像进行拼接。

② 设置镶嵌参数。在打开对话框中输入新的镶嵌工程名，系统则弹出"项目设置"对话框，如图 6-36 所示。

图 6-36　"项目设置"对话框

说明：若是打开已经建立的工程，则可单击"编辑"→"工程设置"选项，在系统弹出的"项目设置"对话框中进行参数的修改。

说明：在系统默认情况下，新建的镶嵌工程文件均存放在"C:\VirLog\mozaix"目录中。

③ 定义镶嵌线。单击"文件"→"选择影像"选项或单击图标，系统弹出"选取影像"对话框，其中的黑色矩形块表示影像。单击相邻的左右（或上下）两个黑色矩形块，使之变白，然后单击"确定"按钮，系统自动装入这两幅影像，如图 6-37 所示。

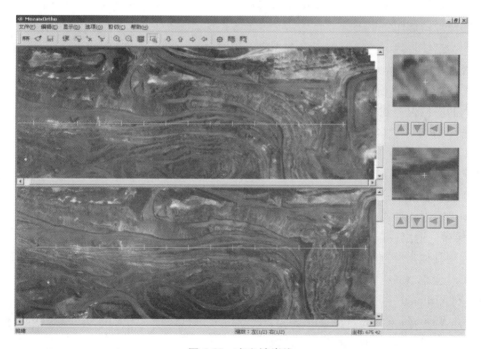

图 6-37　定义镶嵌线

a. 基本操作说明。单击"显示"→"全图显示"选项或单击图标，移动鼠标使光标移到影像窗口中，单击即可显示当前影像的全局视图。这样可快速找到重叠区域。

单击"显示"→"窗口缩放"选项或单击图标，移动鼠标使光标移到影像窗口中，按鼠标左键在影像窗口中拖出一个矩形区，该区域则被放大显示。

b. 定义镶嵌线。VirtuoZo 系统能自动确定航带内和航带间的镶嵌线。单击图标，即可显示由系统自动生成的镶嵌线。

显示镶嵌线后，则可对镶嵌线上的节点进行编辑。可采用相应的菜单项、工具栏图标或快捷键进行操作。先在左影像上选择镶嵌线上的节点，然后在右影像上选择同名点。若该同名点的点位不够准确，则可通过右边的微调按钮进行调整。

对镶嵌线上其他的节点进行编辑，或进行加点、删点操作。

所有的镶嵌线都保存在工程中，选完点后，可单击"显示"→"镶嵌线"选项查看选点后的全貌。

④ 镶嵌。系统提供像对镶嵌、全自动整体镶嵌和匀光后全自动整体镶嵌三种作业方式，用户在作业过程中可在它们之间相互切换。

a. 像对镶嵌：仅对当前的两幅影像进行拼接。

b. 全自动整体拼接：自动对当前工程中的所有影像进行拼接。

c. 匀光后全自动整体拼接：对当前工程中所有影像进行匀光处理后，再自动进行整体拼接。

说明：单击"选项"→"色调平滑处理"选项，可实现镶嵌时的平滑过渡。不选中此菜单项，则在镶嵌时，不进行平滑处理。镶嵌的处理时间视影像大小和镶嵌点个数而定，后两种作业方式比第一种需要的时间长。

⑤ 裁剪。系统提供按窗口、按多边形和按坐标输入等三种裁切方式，供用户对拼接后的正射影像进行裁切。

注意：系统将裁下的区域影像保存为一个固定名称的文件，即只能保存一次裁切的区域影像，否则前面生成的裁切区域会被覆盖掉。

单击"剪切"→"窗口"选项，然后按鼠标左键拖劝在影像中拉矩形框，系统将把该矩形区域内的影像保存到一个固定名称的临时文件中。

单击"剪切"→"多边形"选项，然后在影像中画一个多边形，系统将保存该多边形区域内的影像。

单击"剪切"→"按输入坐标"选项，系统弹出对话框。在此输入相应的大地坐标信息，单击"确定"按钮，系统接受此设置。然后单击"剪切"→"裁切"选项，则系统将按此输入的大地坐标对正射影像进行裁切。

⑥ 保存、退出或选择另外两个影像镶嵌。单击"文件"→"保存镶嵌"选项进行保存。可继续处理其他需要进行镶嵌的影像。

（2）任意影像的半自动镶嵌　可使用以下两种方式之一启动 Mozaix 模块：

1）在 VirtuoZo 主界面中单击"镶嵌"→"任意影像镶嵌"选项。

2）在 VirtuoZo 安装目录的 Bin 目录下，双击可执行文件"Mozaix.exe"。Mozaix 模块启动后，界面如图 6-38 所示。

VirtuoZo 系统的 Mozaix 模块可以对任意影像进行拼接和裁切，操作方法与镶嵌正射影像基本相同。其主要流程为：

1）在 VirtuoZo 主界面中单击"镶嵌"→"任意影像镶嵌"选项，进入 Mozaix 模块。

2）新建一个镶嵌工程（.prj 文件）。

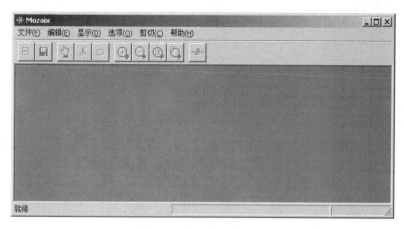

图 6-38 "Mozaix"界面

3）设置镶嵌参数。

4）选择要进行镶嵌的相邻影像。其界面如图 6-39 所示。

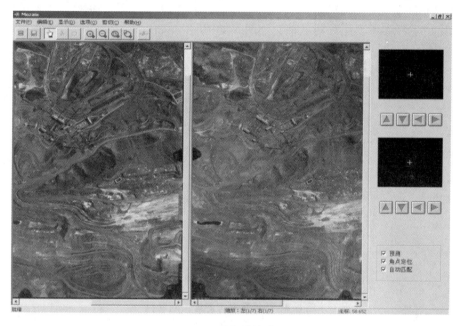

图 6-39 选择镶嵌影像

①"预测"：选中该复选框，系统在人工给出左影像上的拼接节点后，将自动预测其在右影像上同名点的大致位置，预测的精度随着节点数目的增加而趋于准确。

②"角点定位"：选中该复选框，选定同名点时，系统会自动进行角点定位处理，可自动检测特征变化明显的区域。

说明：系统在默认状态下，窗口右下方的三个复选框均为选中状态。

5）选择镶嵌线。根据对复选框不同的设置，在进入选点状态后，有两种选点方式：

① 手工方式：即先在左影像窗口中选择镶嵌线节点，然后在右影像窗口中选择同名点。若该同名点的点位不够准确，可通过右方的微调按钮进行调整。

② 自动匹配方式：只需在左影像窗口中选择镶嵌线节点，系统会自动匹配右影像的同名点。

6）镶嵌。

7）裁剪。

8）保存、退出或选择另外两个影像进行镶嵌。

2. DOM 修补

由于正射影像的某些区域可能会出现变形（如扭曲、模糊或重影等），可通过贴补一小块影像的方法进行修补。本模块提供利用其他的影像来修补正射影像的功能。

可以使用以下两种方式启动正射影像修补模块：

1）在 VirtuoZo 主界面中单击"镶嵌"→"正射影像修补"选项，启动正射影像修补模块。

2）在 VirtuoZo 安装目录的 Bin 目录下，双击可执行文件"OrthoFix.exe"，启动正射影像修补模块。

具体操作步骤如下：

1）在 VirtuoZo 主界面中单击"镶嵌"→"正射影像修补"选项，系统导入当前模型的数据，并弹出"选择参考影像"对话框，如图 6-40 所示。

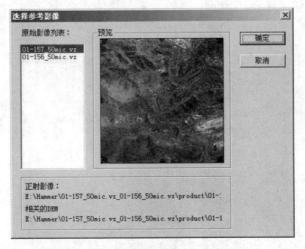

图 6-40 "选择参考影像"对话框

在左边的"原始影像列表"中单击用于修复当前正射影像的参考影像。

若直接双击可执行程序"OrthoFix.exe"启动正射影像修补模块，需要手工新建修补工程文件或者打开一个已经存在的修补工程文件".ofp"，单击"文件"→"新建工程/打开工程"选项，在系统弹出的"工程设置"对话框中指定当前修补工程中要进行修补的正射影像、作为参考的影像和 DEM。

当仅存在要修补的正射影像和原始影像，而没有相应的 DEM 时，仍可以新建修补工程文件。在"工程设置"对话框中填入相应的正射影像和用于修复的原始影像文件（DEM 文件可选，没有相应的 DEM 文件时，此栏可以不填）。单击"确定"按钮，系统会弹出消息框。

此时再次单击"确定"按钮，即可进入修复界面进行修复，但需要用户自己选择对应点。

当参考影像是原始影像时，在进行正射影像修补前，请将相机文件置于 Images 目录下，否则系统将无法预测参考影像的范围，可能会出现影像定位错误。

当参考影像是正射影像或者是有地理编码的影像时，系统无须相机文件即可预测参考影像范围。

若预测的参考影像点位落在参考影像外，则此时加点设置修补线时，系统会弹出对话框，询问是否搜索可用影像。

单击"取消"按钮取消加点操作；单击"否"按钮，参考影像窗口中将显示工程设置中指定的参考影像的全局视图，用户需手工寻找修补影像的范围。单击是按钮，用户可以指定要进行搜索的目录，系统将自动在该目录中搜索所有的参考影像，并在找到可用影像的同时弹出对话框。

2）选中相应的参考影像并确认后，即进入如图 6-41 所示的界面。

图 6-41　参考影像

① 单击"编辑"→"工程设置"菜单项，系统弹出"工程设置"对话框，显示当前修补工程中要进行修补的正射影像、作为参考的影像和 DEM，如图 6-42 所示。用户可单击各个文本框后的浏览按钮修改当前的设置。

② 单击"显示"→"属性"选项，系统弹出"显示设置"对话框，用户可在此设置修补线的颜色、线宽以及使用键盘方向键移动影像的速度。若参考影像与正射影像存在一定的夹角，用户可在"旋转角"文本框中设置相应的转角，调整参考影像的显示角度，使得参考影像与正射影像的方位一致，以方便用户寻找同名点，定义修复区域。选中"预测参考影像范围"复选框，系统

图 6-42　"工程设置"对话框

会自动预测正射影像和参考影像的重叠区，并在正射影像上用绿色的边框加以显示。

3）移动正射影像到需要修复的地方，单击显示线图标（注意：此时请确保拖动图标未

被按下。用户也可以使用空格键来切换到编辑修补线状态），在正射影像中单击，以选中修复区域的起点，系统同时弹出与该点对应的"参考影像"窗口，如图 6-43 所示。

图 6-43　"参考影像"窗口

用户可以通过单击"参考影像"窗口上的左、右、上、下四个按钮在参考影像上对点位进行微调，也可以直接在影像窗口上单击做大幅度的点位调整，还可选择放大、缩小按钮调整参考影像显示的比例。增加修补点时，"参考影像"窗口的标题栏会显示出当前点位的参考影像坐标。

4）在正射影像上单击，依次选取修复区域轮廓上的其他点位。最后右击，系统将自动闭合当前修复区域，如图 6-44 所示。

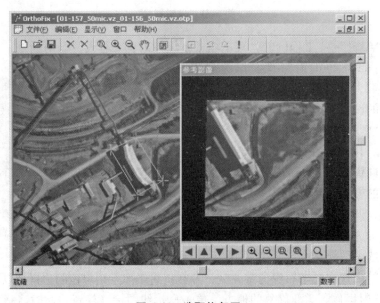

图 6-44　选取修复区

5) 用户也可以在参考影像上选点，然后再在正射影像上调整相关点位。

在正射影像上单击选定一点，激活工具栏上的从参考影像上选点图标。单击该图标，然后在"参考影像"窗口中单击，系统将显示其在正射影像上的对应点位。继续在"参考影像"窗口中单击以定义修补线，系统会在正射影像窗口实时更新这些点位。

说明：这种选点方法作为正常选点的辅助手段，只能在修补区闭合前使用。

6) 单击修补图标，系统自动用参考影像上相应的影像替换正射影像上所需修复的影像区域，达到修复的效果，如图6-45所示。

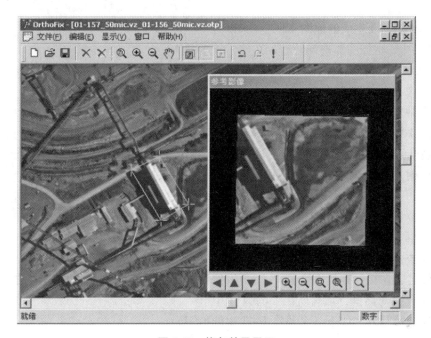

图 6-45 修复效果显示

说明：此时系统并未保存对正射影像所做的修改。

7) 重复上述步骤修复其他的区域。

8) 单击"编辑"→"更新正射影像"选项，系统将修补后的数据保存到正射影像中。更新后的正射影像不可再恢复。

3. 图廓整饰

根据国家标准地形图内业规范的要求，图廓整饰包括内外图廓线、公里格网线、经纬度、接合图表、图幅名称、图号、图廓注记、比例尺和各种文字说明等。其中，线条的粗细，采用的字体以及注记的尺寸等均应符合地形图图式的规定。

VirtuoZo 根据所定义的图廓参数文件"＊.mf"，对数字地形图和正射影像图进行图廓整饰、影像裁切以及矢量与影像的叠加等处理，生成栅格图幅产品文件"＊.map"或图廓矢量文件"＊.dxf"。用户可按成图规范的要求，为图幅加入内外图廓线、公里格网线、图廓注记、接合图表、图幅名称、比例尺和各种文字说明等。

一般而言，用户应先打开一个影像，再选择一个已有的图廓参数文件或新建一个图廓参数文件，即可进行可视化的图廓整饰处理。各整饰参数设置均被保存到指定的图廓参数文件中供今后重复利用。

图廓整饰的具体操作如下：

在主界面中单击"工具"→"图廓整饰"选项或双击可执行文件"OutImage.exe"启动程序，系统弹出图廓整饰主界面。下面介绍图廓整饰的操作过程。

（1）进入图廓整饰主界面　在系统主菜单中，选择"工具"→"图廓整饰"选项，屏幕显示图廓整饰主界面，如图6-46所示。

（2）选择当前要生成的地图文件　在图廓整饰主界面中，选择图廓整饰的输入文件。例如对正射影像进行整饰（***.or*）：用单击正射影像行的"浏览"按钮，屏幕弹出"文件查找"对话框，可选择当前要整饰的正射影像文件（***.orl或***.orr）或等高线叠合正射影像文件（***.orm）；然后单击正射影像行前的小白框，则该文件被选中。

（3）建立图廓文件　若新建图廓文件，首先单击图廓文件行的"浏览"按钮，屏幕弹出文件查找框，选择好路径，输入图

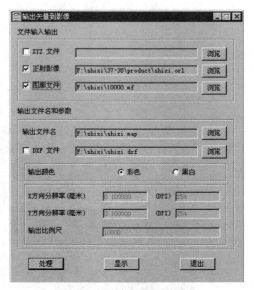

图 6-46　图廓整饰主界面

廓参数文件名，在文件查找框选择"打开"按钮即可。再单击图廓文件行前的小白框，进入"图廓参数"对话框，填写所需要的数值。

图廓参数填写方法如下（参见图6-47中的数字）：

1）图廓坐标：

"Xtl"：左上角 X 图廓大地坐标；"Xtr"：右上角 X 图廓大地坐标。

"Ytl"：左上角 Y 图廓大地坐标；"Ytr"：右上角 Y 图廓大地坐标。

"Xbl"：左下角 X 图廓大地坐标；"Xbr"：右下角 X 图廓大地坐标。

"Ybl"：左下角 Y 图廓大地坐标；"Ybr"：右下角 Y 图廓大地坐标。

2）内图框线宽：单击"描绘内框"按钮，可选择"没有线""交叉线""拐角线"。

3）输入坐标注记字高：

① 小数：坐标注记字小数（小数部分）的字高（毫米）。

② 大数：坐标注记字大数（整数部分）的字高（毫米）。

4）填写接合图表：将光标分别置于接合图表的小格中（中心小格除外），分别输入与本幅图相邻的图名。

5）标识项栏：注记项名称的输入与显示。

6）标识相对位置栏：选择当前注记项与图框的位置（见图6-48）。

7）字符串名注记作业步骤：

步骤一：在标识项栏，单击"添加"按钮，注记项名称显示栏出现蓝色条后，将光标移到第一行的输入框中，输入当前注记项的名称。

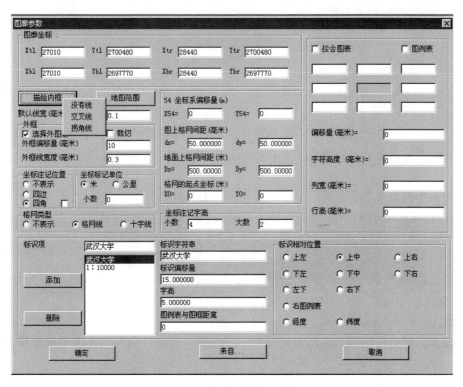

图 6-47　"图廓参数"对话框

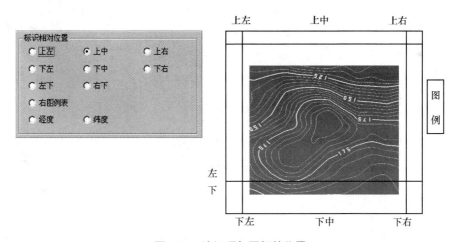

图 6-48　注记项与图框的位置

步骤二：将光标移到"标识字符串"文本框，在其框内输入当前注记项的字符串；在"标识偏移量"文本框输入当前注记项与图框的距离（字的左下角到内图框的距离）。

步骤三：在"字高"文本框，输入当前注记项的字符串字高（单位：毫米）。

步骤四：在标识相对位置栏，选择当前注记项与图框的位置。

当图廓参数输入完毕后，在"图廓参数"对话框中选择"确定"按钮，生成图廓参数文件（＊.mf）。回到图廓整饰主界面。

（4）确定图幅的输出文件名及路径并设置参数

1）在图廓整饰主界面，在"输出文件名"栏，选择要生成的图幅文件名及路径。

若"＊＊＊.map"文件已经存在，选择文件后再选择"显示"按钮，显示当前图幅文件。

若"＊＊＊.map"文件不存在，则再输入新的"＊.map"文件名，选择"处理"按钮生成新的图幅文件，再选择"显示"按钮，进入图幅的图廓显示界面。

DXF文件：是否要生成带图廓的DXF文件。如果要生成则输入文件并选中。

2）确定当前图是彩色还是黑白。在图廓整饰主界面，"输出颜色"栏中，选择彩色或黑白。

3）确定当前数字影像图输出分辨率。在图廓整饰主界面，输入当前数字影像图输出设备分辨率和输出比例尺分母，如图6-49。

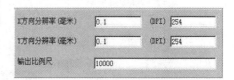

图 6-49　输出分辨率

（5）生成图幅产品文件并显示结果

1）生成图幅产品文件。当以上参数输入完毕后，在图廓整饰主界面中，选择"处理"按钮，生成图幅文件（＊＊＊.map）。

2）显示图廓整饰结果。在图廓整饰主界面选择"显示"按钮，进入图廓整饰的显示界面，如图6-50所示。

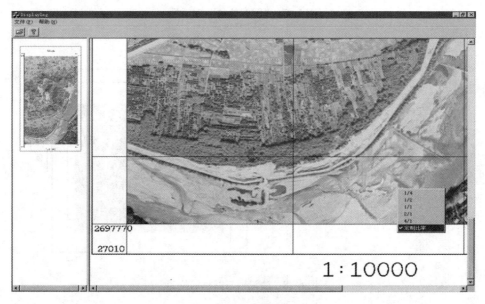

图 6-50　图廓整饰的显示界面

在全图显示窗口中，按鼠标左键可拉出一放大显示窗口；在放大显示窗口中，右击可选择图框的放大比例。

（6）退出图廓整饰界面　在图廓整饰主界面中，选择"退出"按钮，则返回系统主界面。

第五节　数字线划图生成

一、数字线划图采集

1. 调用测图模块

（1）进入测图界面　在 VirtuoZo 主界面中单击"测图"→"IGS 数字化测图"选项，进入测图模块，系统弹出测图窗口。

（2）新建或打开测图文件

1）新建一个测图文件。单击"文件"→"新建 xyz 文件"选项，系统弹出"新建 IGS 文件"对话框，输入一个新的 xyz 文件名，系统弹出"地图参数"对话框。

① 地图比例尺：设置相应的成图比例尺。

② 高度的十进制小数位数：设置显示高程值的小数保留位数。

③ 徒手操作容差：设置流曲线点的数据压缩比例。设置的数值越大，最后的保留点位越少，但设置的最大数值不能超过"1"。

④ 地图坐标框：如果已知矢量图的坐标范围，可直接在地图坐标框的各个文本框中输入相应的坐标范围。

2）打开一个测图文件。单击"文件"→"打开"选项，系统弹出"打开"对话框，选择一个".xyz"文件，单击"打开"按钮，系统打开一个矢量窗口显示该矢量文件，如图 6-51 所示。

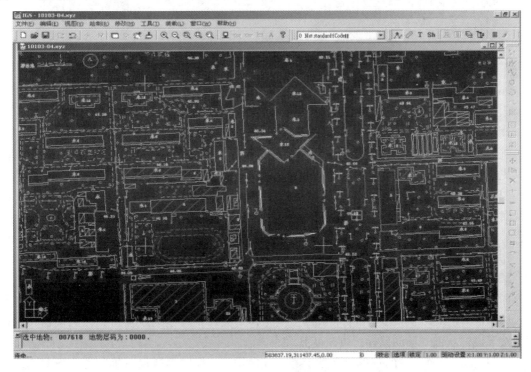

图 6-51　矢量文件

（3）装载立体模型　在 IGS 主界面中单击"装载"→"立体模型"选项，在系统弹出的对话框中选择一个模型文件（.mdl 或 .ste），单击"打开"按钮，系统弹出影像窗口，显示立体影像（分屏显示或立体显示），如图 6-52 所示（图中立体影像的显示方式为分屏显示）。

注意：只有当打开测图文件后，方可装载立体模型或正射影像。

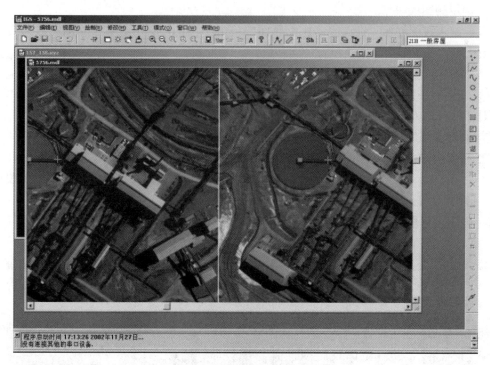

图 6-52　分屏显示立体影像

如果要装载正射影像，可单击"装载"→"正射影像"选项，在弹出的对话框中选择".orl"".orm"或".orr"文件，单击"打开"按钮，系统弹出影像窗口显示正射影像。

2. 作业环境设置

进入测图界面后，用户通常会对界面布局进行适当的调整，对工作环境进行一些设置，使其更符合自己的作业习惯，便于更方便、快捷地进行测图作业。

（1）当前工作窗口　当前工作窗口是指用户可以在该窗口中进行作业操作的窗口，它是针对 IGS 界面中的影像窗口和矢量图形窗口而言的。其标志为：窗口顶端的标题条显示为蓝色。在某工作窗口内（最好在窗口顶上的标题栏上）单击，则该窗口将被激活，成为当前工作窗口。

（2）界面布局　使用下面两种方式，用户可改变各窗口的大小和位置，形成使用方便的界面布局。

1）在当前窗口的标题栏中按下鼠标左键，移动鼠标，可拖动该窗口；在当前窗口的边框上按下鼠标左键，移动鼠标，可改变其大小。

2）单击窗口菜单中的菜单项（如层叠、纵向排列、横向排列和平铺等），IGS 界面中的各子窗口将自动进行排列。如单击窗口横向排列菜单项，图中各子窗口的布局将自动改变，结果如图 6-53 所示。

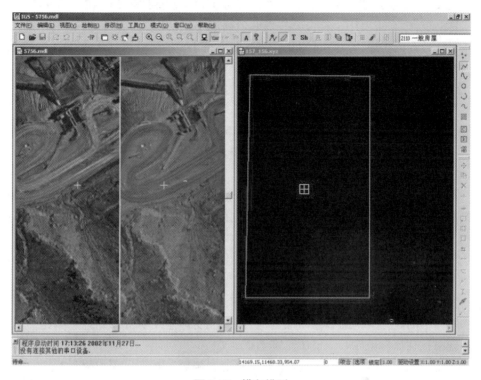

图 6-53 横向排列

（3）选项设置 单击"工具"→"选项"选项，系统弹出"测图选项"对话框，它包含"咬合设置""测标选项""影像设置""背景选项""界面风格"五个属性页，单击其中任一属性页，将显示相应的功能设置页面。

1）"咬合设置"。测图过程中往往需要带限制条件地选择目标。例如，将线连接到一个已知点上，为此，IGS 提供了咬合功能。在咬合状态下，当前测标的坐标值将与所咬合到的节点的坐标值完全相同。用户可单击状态栏上的"咬合"按钮打开或关闭该功能，或在"咬合设置"属性页中进行设置，"咬合设置"属性页如图 6-54 所示。

① 常用的捕捉方法。

a."咬合自身节点"：选中此复选框后，在量测时系统可自动实现自身的咬合。例如，在绘制等高线时可以很方便地做到首尾闭合。

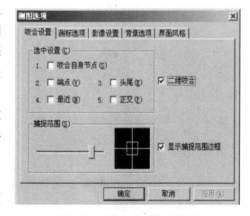

图 6-54 "咬合设置"属性页

b."端点"：选中此复选框后，在量测时测标可自动捕捉到最近的节点。

c."头尾"：选中此复选框后，在量测时测标可自动捕捉到地物的最前或最后一个节点。

d. "最近"：选中此复选框后，在量测时测标可自动捕捉到相邻地物的最近节点。

e. "正交"：选中此复选框后，在量测时测标可自动捕捉到相邻地物边的垂足点。

f. "二维咬合"：主要用于咬合公共墙面但高度不同的房屋。在量测这种房屋时，用户可以先量测比较高的房屋，然后量测较低房屋的可见边，最后通过二维咬合的方式咬合到公共墙面的量测边上，此时获取的高程则不会咬合到高层房屋的高程。

② 设置捕捉范围。捕捉只能在一定范围内进行。可通过左右拖动滑块设置捕捉范围的大小。

③ 显示捕捉范围边框。选中"显示捕捉范围边框"复选框后，窗口中显示的测标光标将带有一个方框，该方框的大小代表所定义的咬合的捕捉范围，落在方框内的地物节点方可被咬合。

2）"测标选项"。每个工作窗口中都有一个测标，用户可自行定义测标形状和颜色。每次的设置都只对当前工作窗口有效，因此，不同的工作窗口中的测标可分别设置为不同的形状和颜色。"测标选项"属性页如图 6-55 所示。

①"测标形状"：拉动列表的滚动条，在列出的各种测标中单击，选择合适的形状。单击颜色块按钮，在弹出的选择窗中选择测标的颜色。

②"当前窗口"：说明当前定义的是哪个窗口中的测标。

③"用标准的鼠标滚轮调节测标视差"：选中该复选框并单击"确定"按钮，退出对话框后，可同时按住鼠标滑轮和〈Shift〉键调整视差。

④"不使用鼠标测图"：选中该复选框并单击"确定"按钮，退出对话框后，将只能使用手轮和脚盘测图，可避免测图时误动鼠标带来的影响。

3）"影像设置"。IGS 在"影像设置"属性页中提供了设置影像显示的选项。可以根据不同的硬件配置设置影像显示的参数，达到快速显示的目的。如图 6-56 所示，在此可对影像层的缓冲区大小、矢量叠加层缓冲区大小进行设置。

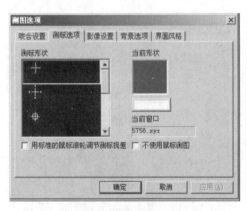

图 6-55 "测标选项"属性页

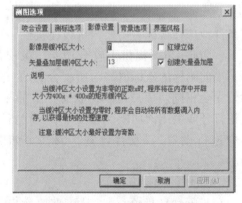

图 6-56 "影像设置"属性页

① 缓冲区设置。立体影像是分块显示的，理论上缓冲区越大，影像浏览速度越快。但是，缓冲区的总容量不应大于调入影像前系统的剩余内存。

a. 当内存较小时，用户可以设定一个非负数，如"7"，则程序在系统内存中开辟一个 7×7＝49 的缓冲区。

b. 如果内存足够，则可设为"0"，此时程序会将所有数据调入内存，从而获得最快的处理速度。内存是否足够取决于当前影像的大小。

c. 建议用户在使用时，如果内存不够就分别采用默认值 7（影像层）和 13（矢量叠加层），如果内存足够就采用 0、0。

说明：一般而言，建议用户根据自己的情况使用以下配置：

a）若是处理黑白影像，内存为 256MB，则可将影像层、矢量叠加层缓冲区均设为"0"。

b）若是处理彩色影像，内存为 512MB，则可将影像层、矢量叠加层缓冲区均设为"0"。

缓冲区大小的计算公式（以系统默认设置的参数为例）：

$$彩色影像缓冲区大小 = (7×7×400×400×3) B = 22.4MB$$
$$黑白影像缓冲区大小 = (7×7×400×400×1) B = 7.5MB$$

除此之外，用户还可通过其他的方式加速立体影像的显示及矢量图形的刷新。例如，可通过在"显示属性设置"对话框中的设置加快显示速度。

②"红绿立体"。采用红绿立体的方式显示当前模型。

③"创建矢量叠加层"。建议用户选中此复选框，以进行矢量和影像的快速实时叠加。

4）"背景选项"。"背景选项"属性页如图 6-57 所示。用户可将系统提供的图片设置为背景，也可以自选某个图片将其设为测图时的背景。

5）"界面风格"。"界面风格"属性页如图 6-58 所示。

注意：在"界面风格"属性页中改动界面风格选项后，应退出 IGS，再次进入后，其改动方可生效。

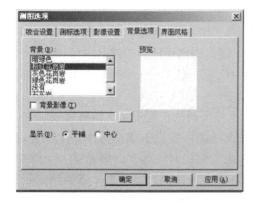
图 6-57　"背景选项"属性页

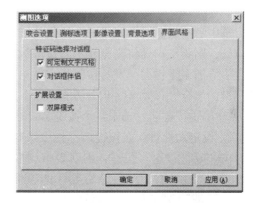
图 6-58　"界面风格"属性页

①"可定制文字风格"：该选项是系统默认选项。

在系统默认情况下，单击工具栏图标，系统会弹出"特征码选择"对话框。其中：右边的部分是最近使用过的符号列表，单击对话框底部的复选框，可隐藏该列表。

②"对话框伴侣"：该选项是系统默认选项。选中该选项，则在"特征码选择"对话框的右边显示最近使用过的符号列表，若未选中该选项，则隐藏最近使用过的符号列表。

③"双屏模式"：若用户使用双屏测图，可选中"扩展设置"栏中的"双屏模式"复选框，再次进入 IGS 时，程序能自动将窗口扩展到两个屏幕。

（4）设备设置　单击"工具"→"设备设置"选项，系统弹出"设备设置"对话框。在此对手轮/脚盘、3D 鼠标等外部设备进行功能设置。

窗口左侧的功能列表中显示的是主程序的部分功能描述，是可以被映射的功能。第一次进入此界面时，单击"设备激活"按钮将其激活。

1）设备类型下拉列表中包括五种外部输入设备：键盘、三维鼠标（Ibox）、三维鼠标（Puck3D）、手轮脚盘（Supresoft）和手轮脚盘（Mexican）。

2）输入端口有三个选项：NONE、COM1 和 COM2。选择一种输入设备，其相应的输入端口、灵敏度设置等设置都会有改动。使用时，请注意选择正确端口。连接失败时，系统会弹出错误提示。

3）灵敏度设置。

① X、Y、Z：数值的绝对值越小，表示灵敏度越高即设备信号产生的效果越好。注意：只能对除键盘以外的输入设备设置灵敏度。

② 坐标驱动方式：X、Y、Z 分别对应于三个虚拟方向。若用户选择"ZXY"选项，则设备的实际方向和逻辑方向的对应关系为：

a. 实际的 X 方向的信号对应于虚拟的 Z 方向上的信号。

b. 实际的 Y 方向的信号对应于虚拟的 X 方向上的信号。

c. 实际的 Z 方向的信号对应于虚拟的 Y 方向上的信号。

4）按钮功能设定。

① 选择设备。若选中除键盘以外的其他设备，在按钮功能设定栏中将列出该设备的所有按键，标明其单双状态以及对应的功能。双状态是指该键在按下和弹起两种状态时将发送两种消息；单状态是指该键将只发送被按下时的消息。单击后可在单双状态之间切换。

选中键盘设备时，用户可在按钮功能设定栏中自定义有关功能键。单击按键名称栏下的空白处，则该空白处将高亮显示。按下键盘上的某一键，则出现该键的键名。可在按键名称列表中添加多个键名。键盘按键不支持单双状态。用户可以输入 Ctrl、Shift、Alt 与字母键或数字键的组合，以及 F1～F12 功能键。

② 编辑按键名：选中某个按键名，然后在键盘上按下新的按键定义，即可完成修改。

③ 设定功能键：在按键名称栏中选中一项，并在功能列表栏中单击选中一个功能，然后单击"功能设定"按钮，则列表中该按键名将与这个功能对应起来，即建立一个映射关系。以后当用户按下该映射关系中设定的按键时，系统会自动执行该功能。选择某个按键，单击"取消"按钮，则该项设定将被删除。

注意：可以映射的键盘按键数目不能超过功能列表中所列的功能数。

④ 设备激活/停用：单击该按钮使当前设备状态在停用与激活之间切换。设备停用是指取消和关闭该设备，设备激活是指连接和使用该设备。用户可以同时激活多个设备，各个设备之间在使用上并不排斥。

⑤ 单击"保存"按钮保存当前的设定并退出。

⑥ 单击"取消"按钮不保存当前的设定并退出。

5）功能说明。功能列表中有 5 个常设功能项：控制设备左键、控制设备中键、控制设备右键、平面锁定/解锁和高程锁定/解锁。

① 控制设备：控制设备左键、控制设备中键和控制设备右键这三个功能项是针对键盘以外的设备而言的。它们用于设定用户所选设备的按键与系统虚拟设备按键的对应

关系。

② 锁定/解锁：这两个开关功能可以相互切换。例如，设定〈Ctrl〉键触发高程锁定/解锁，若当前是高程解锁状态，则当用户按下〈Ctrl〉键时，当前状态变为高程锁定状态。再次按〈Ctrl〉键，当前状态变为高程解锁状态。再例如设定三维鼠标（Puck3D）的〈1〉键（双状态）为高程锁定/解锁，若当前是高程锁定状态，则当用户按下〈1〉键时，当前状态变为高程锁定状态；松开〈1〉键时，当前状态变为高程解锁状态。

（5）影像叠加与矢量图形的层控制

1）影像叠加。

① 矢量叠图：单击图标 View ，可实时地将量测的结果（矢量图形）显示在立体影像上，便于检查遗漏和所测地物的精度。

② 矢量层叠图：单击图标 View ，可以将量测的矢量层快速地显示在立体影像上。

2）层控制。在 IGS 中，不同的地物分别属于不同的层，每一层都有一个特征码（或层号）。用户可通过"层控制"对话框分层管理量测所得的地物。单击"工具"→"层控制"选项或单击工具栏图标 ，系统弹出"层控制"对话框。

单击"层控制"对话框中左边列表中的某一行，该行将显示为蓝色，即该地物层被选中，然后单击对话框右边的"层操作"按钮，可对该地物层进行层控制。层控制方式有以下五种：

① 锁定和解锁：单击"锁定"按钮，则列表中选中层的状态栏中文字的第一位变为"L"，确定后，将不能对选定层中的地物进行编辑，但可显示、新增该类地物。单击"解锁"按钮，状态栏中文字的第一位变为"-"，确定后，可解除地物层的锁定状态。

② 冻结和解冻：单击"冻结"按钮，则列表中选中层的状态栏中文字的第二位变为"F"，确定后，不能对选定层中的地物进行任何操作（既不能显示，也不能编辑或新增该类地物）。单击"解冻"按钮，状态栏中文字的第二位变为"-"，确定后，可解除地物层的冻结状态。

③ 开和关：单击"开"按钮，则列表中选中层的状态栏中文字的第三位变为"O"，确定后，可在矢量窗口中显示该层中的地物。单击"关"按钮，状态栏中文字的第三位变为"-"，确定后，矢量窗口中将隐藏该层中的地物。

④ 设置颜色：可设置选定层中的地物叠加显示在影像上的颜色。

⑤ 删除层：可删除一个或多个层的全部地物。

注意：层的删除是不可恢复的操作。

单击"全部清除"按钮，将撤销对任何层的选择（并非删除所有选中的层）。

（6）模式设置　模式菜单只有当前窗口为立体模型时才出现。该菜单包括"显示立体影像""人工调整高程""漫游""精密放大"和"中心测标"方式等选项。

1）影像显示方式与影像视差的调整。

① 影像显示方式。

a. 左右影像分屏显示。用户应使用反光立体镜观测立体。

b. 立体显示。在立体显示方式下，用户的机器必须装有立体显示卡，用户应佩戴立体眼镜，显示卡的设置应该为 65535 色或以上，100MHz 或更高的扫描频率（这样才可使用立体眼镜)。

c. 可在两种显示方式之间切换：单击"模式"→"显示立体影像"菜单项，可打开或关闭显示立体影像选项，打开时为立体显示，关闭时为分屏显示。分屏显示方式下的影像如图 6-59a 所示，立体显示方式下的影像如图 6-59b 所示。

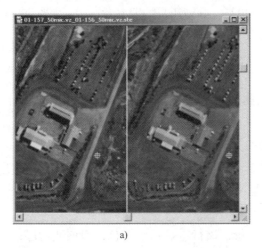

a)　　　　　　　　　　　　　　b)

图 6-59　分屏、立体影像显示

② 调整影像视差。当左右影像的视差过大时，不便于立体观测，可用键盘上的〈F7〉和〈F8〉键或使用组合键〈Shift+→〉和〈Shift+←〉对左右影像的视差进行调整，直至达到最佳的立体观测效果。在分屏和立体显示方式下均可使用该方法调整影像视差。

2）人工调整。在数据采集时，可通过调整测标获取地面高程。测标有左右两个，分别显示于左右影像上。系统提供了两种方式调整测标：自动方式和人工方式。

① 自动调整：单击工具栏图标 A ，测标在地物上自动解算高程（根据模型的 DEM），此时，测标可随地面起伏自动调整，实时切准地表。

② 人工调整：在影像窗口中，按住鼠标滑轮左右移动，或按住键盘上的〈Shift〉键，左右移动鼠标，或按键盘上的〈PageUp〉和〈PageDown〉键，都可调整测标使之切准地面。若用手轮脚盘，还可转动脚盘调整测标。人工调整测标的模式有两种：

a. 视差调整模式：在数据采集时，采用 XYP（或 PXY）坐标输入模式，即输入左（右）片的坐标和左右视差来计算地面的 XYZ 坐标。在这种调整模式下，测标表现为单测标做 X 方向移动，只能调整测标的高度。

b. 高程调整模式：在数据采集时，采用 XYZ 坐标输入模式，即直接输入 XYZ。在这种调整模式下，测标表现为双测标同时移动，测标视差完全由人工控制。此时测标调整的自动方式将关闭。

用户可在这两种模式之间进行切换。单击"模式"→"人工调整"选项，可打开或关闭人工调整选项。打开时为高程调整模式，关闭时为视差调整模式。

3）漫游。单击"模式"→"漫游"选项，使之出现"√"标记，即可实现影像的漫游。系统处于立体或双屏显示方式下的测图或编辑状态时，均可进行漫游操作。移动鼠标使光标接近显示窗口边框，影像会自动随光标上下左右移动，而不需要拖动滚动条，使矢量编辑更加方便。

4）精密放大。精密放大用于影像放大显示。常规的影像放大，是每次将当前影像放大2倍，所以会造成影像显示范围较窄，不利于作业员观测；而精密放大是每次将当前影像放大2倍，也就是说，采用精密放大两次，相当于一次常规放大。作业员可以根据需要，选择合适的放大方式。

5）中心测标。在立体显示模型时，可选择该选项。单击"模式"→"中心测标"选项，使之出现"√"标记，移动手轮时测标将一直位于中心位置。

（7）鼠标与手轮脚盘 在 IGS 中进行量测时，可按如下方式使用鼠标或手轮脚盘（鼠标与手轮脚盘可由系统自动切换，不需人工干预）：

1）鼠标左键：在量测过程中，用于确认点位。单击鼠标，即可记录某点的坐标数据。

2）鼠标滑轮：在量测过程中，用于调整测标的高程（或称测标的左右视差）。

3）鼠标右键：在量测过程中，用于结束当前操作。在量测状态下，鼠标右键用于量测和编辑两种状态的切换（即 ⟋ 和 ⋏ 两图标）。

4）手轮脚盘：两个手轮用于控制 X、Y 方向的影像移动，可在设备设置对话框中设置移动步距。脚盘相当于鼠标的滑轮，用来调整测标的高程。

5）脚踏开关：左右开关分别相当于鼠标左右键（左开关为开始，右开关为结束）。

3. 地物量测

当我们掌握了以上的基本操作后，就可进行具体的测图工作。测图工作主要包括地物量测、地物编辑和文字注记等。

在数字测图系统中，地物量测就是对目标进行数据采集，获得目标的三维坐标 X、Y、Z 的过程。在 IGS 中，系统将实时记录测图的结果，并将之保存在测图文件".xyz"中。量测地物的基本步骤如下：输入或选择地物特征码；进入量测状态；根据需要选择线型或辅助测图功能；根据需要启动或关闭地物咬合功能；对地物进行量测。

（1）输入或选择地物特征码 每种地物都有各自的标准测图符号，而每种测图符号都对应一个地物特征码。数字化量测地物时，首先要输入待测地物的特征码。

1）直接输入其数字号码。若用户已熟记特征码，可在状态栏的特征码显示框中输入待测地物的特征码。

2）单击图标 **Sh**，在弹出的对话框中选择地物特征码（具体操作方法请参见特征码选择对话框）。

（2）进入量测状态 有两种方式可进入量测状态：

1）单击图标 ⟋，可进入量测状态。

2）右击，在编辑状态和量测状态之间切换。

（3）选择线型和辅助测图功能 地物特征码选定后，可进行线型选择和辅助测图功能的选择。

1）选择线型。IGS 根据符号的形状，将之分为七种类型（统称为线型）。在绘制工具栏中有这七种类型的图标：点、折线、曲线、圆、圆弧、手画线、隐藏线。

选择一种地物特征码以后，系统会自动将该特征码所对应符号的线型设置为默认线型（定义符号时已确定），表现为绘制工具栏中相应的线型图标处于按下状态，同时该符号可以采用的线型的图标被激活（定义符号时已确定）。在量测前，用户可选择其中任意一种线型开始量测，在量测过程中用户还可以通过使用快捷键切换改变线型，以便使用各种线型的符号表示一个地物。

2）选择辅助测图功能。系统提供的辅助测图功能，可使地物量测更加方便。可通过绘制菜单、快捷键或绘制工具栏图标启动或关闭辅助测图功能。具体说明如下：

Ⓒ自动闭合：启动该功能，系统将自动在所测地物的起点与终点之间连线，自动闭合该地物。

Ⓡ自动直角化与补点：对于房屋等拐角为直角的地物，启动直角化功能，可对所测点的平面坐标按直角化条件进行平差，得到标准的直角图形。对于满足直角化条件的地物，启动自动补点功能，可不量测最后一点，而由系统自动按正交条件进行增补。

自动高程注记：启动该功能，系统将自动注记高程碎部点的高程。

（4）量测方法

1）基本量测方法。

① 在影像窗口中进行地物量测。

② 用户通过立体眼镜（或反光立体镜）对需量测的地物进行观测，用鼠标或手轮脚盘移动影像并调整测标。

③ 切准某点后，单击或踩下左脚踏开关记录当前点。

④ 右击或踩下右脚踏开关结束量测。

⑤ 在量测过程中，可随时选择其他的线型或辅助测图功能。

⑥ 在量测过程中，可随时按〈Esc〉键取消当前的测图命令等。

⑦ 如果量错了某点，可以按键盘上的〈Backspace〉键，删除该点，并将前一点作为当前点。

2）不同线型的量测。

① 单点。单击"点"图标或踩下左脚踏开关记录单点。如图6-60所示符号即采用单点量测方式。

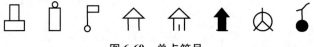

图6-60 单点符号

② 单线。

a. 折线。单击"折线"图标或踩下左脚踏开关，可依次记录每个节点，右击或踩下右脚踏开关，结束当前折线的量测。当折线符号一侧有短齿线等附加线划时，应注意量测方向，一般附加线划沿量测前进方向绘于折线的右侧。如图6-61所示，这些符号为使用折线线型进行的量测。

b. 曲线。单击"曲线"图标或踩下左脚踏开关，可依次记录每个曲率变化点，右击或踩下右脚踏开关，结束当前曲线的量测。

c. 手画线。单击"手画线"图标或踩下左脚踏开关记录起点，用手轮脚盘跟踪地物量测，最后踩下右脚踏开关记录终点。

以该方式采集数据时，系统使用数据流模式记录量测的数据，即操作者跟踪地物进行量测，系统连续不断记录流式数据。流式数据的数据量是很大的，必须对采集的数据进行压缩预处理，以减少数据量。典型的压缩方法是，根据一个容许的误差，对采集的数据进行压缩处理。

如图 6-62 所示。其中，D_{max} 为设置的容差，P_m 到 P_1P_n 的距离大于该容差，其他节点均未超出容差，因此，系统将采集 P_m 点，而压缩其他节点数据。

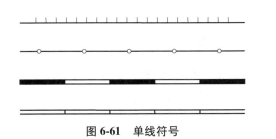

图 6-61　单线符号　　　　　　　　　图 6-62　容差示意

在测图参数中输入压缩的容差，压缩的容差在图上以毫米为单位，乘上成图比例尺后为以地面坐标为单位的容差。所以，正确的成图比例尺是取得良好压缩效果的关键。

③ 平行线。

a. 固定宽度。对于具有固定宽度的地物，量测完地物一侧的基线（单线），然后右击，系统根据该符号的固有宽度，自动完成另一侧的量测。平行线符号如图 6-63 所示。

b. 需定义宽度。有的符号需要人工量测地物的平行宽度，即首先量测地物一侧的基线（单线量测），然后在地物另一侧上任意量测一点（单点量测），即可确定平行线宽度，系统根据此宽度自动绘出平行线。

④ 底线。对于有底线的地物（如斜坡），需要量测底线来确定地物的范围。首先量测基线，然后量测底线（一般绘于基线量测方向的左侧），如图 6-64 所示。在量测底线前，可选隐藏线型量测，将不会显示底线。

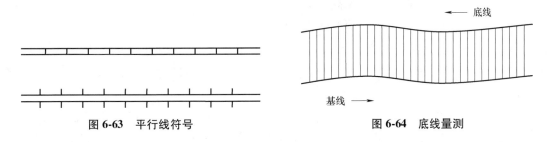

图 6-63　平行线符号　　　　　　　　　图 6-64　底线量测

⑤ 圆。单击"圆"图标，然后在圆上量测三个单点，右击结束。如图 6-65 所示，量测 P_0、P_1 和 P_2 三个点，即可确定圆 O。

⑥ 圆弧。单击"圆弧"图标，然后按顺序量测圆弧的起点、圆弧上的一点和圆弧的终点，右击结束。

3）多种线型组合量测。对于多种线型组合而成的地物图形，在量测过程中应根据地物形状的变化，分别选择合适的线型进行量测。下面举例说明如何进行多线型组合量测地物，图 6-66 就是一个圆弧与折线组合的例子。

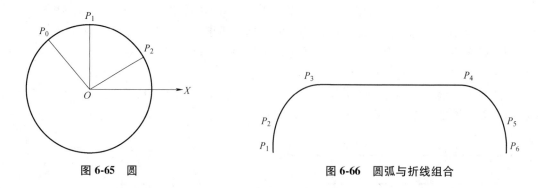

图 6-65　圆　　　　　　　　　　图 6-66　圆弧与折线组合

该图形是由弧线段 P_1P_3、折线段 P_3P_4 和弧线段 P_4P_6 组成的，其中，点 P_1、P_2、P_3、P_4、P_5 和 P_6 需要进行量测。具体量测步骤如下：

① 在工具栏上单击"圆弧"图标，量测点 P_1、P_2 和 P_3。

② 在工具栏上单击"折线"图标，量测点 P_4。

③ 在工具栏上单击"圆弧"图标，量测点 P_5 和 P_6。

④ 右击结束，完成整个地物的量测。

说明：在量测过程中，可能会不断需要改变矢量的线型，为了便于使用，IGS 提供了各种线型的快捷键，以方便用户随时调用各种不同的线型。

4）高程锁定量测。有些地物的量测，需要在同一高程面上进行（如等高线等）。这时可用高程锁定的功能，将高程锁定在某一固定值上，即测标只在同一高程的平面上移动。具体操作如下：

① 确定某一高程值：单击状态栏上的坐标显示文本框，系统弹出"设置曲线坐标"对话框，在文本框中输入某一高程值，单击"确定"按钮。

② 启动高程锁定功能：单击状态栏上的"锁定"按钮。

③ 量测地物。

注意：只有当测标调整模式为高程调整模式（单击"模式"→"人工调整高程"选项，使之处于选中状态）时，方可启动高程锁定功能。

5）道路量测。单击图标 Sh，在弹出的对话框中选择道路的特征码。单击图标，进入量测状态，用户可根据实际情况选择线型，如样条曲线和手画线等，即可进行道路的量测。

① 双线道路的半自动量测。沿着道路的某一边量测完后，右击或踩下右脚踏开关结束，系统弹出对话框提示输入道路宽度，用户可直接在对话框中输入相应的路宽，也可直接将测标移动到道路的另一边上，然后单击或踩下左脚踏开关，系统会自动计算路宽，并在路的另一边显示出平行线。

② 单线道路的量测。沿着道路中线测完后，右击或踩下右脚踏开关结束，即可显示该道路。

6）等高线采集量测。

① 中小比例尺的等高线采集量测。

a. 山区地形的立体模型。一般而言，此类地形数据的匹配效果比较好，可以使用

VirtuoZo 的自动生成等高线功能，直接生成等高线矢量文件，然后在 IGS 中进行测图时引入该文件，进行少量的等高线修测处理即可完成等高线采集工作。具体操作如下：

a）激活矢量显示窗口，单击"文件"→"引入"→"等高线"选项。

b）分别填入首曲线和计曲线在符号库中对应的特征码，然后单击"确定"按钮，系统弹出打开一个等高线矢量文件对话框。

c）在对话框中选择该区域的等高线矢量文件（. cvf），确认后，系统即自动引入该文件中的等高线数据并显示其影像。

d）引入等高线数据后，可移动影像，检查等高线是否叠合正常，若部分区域叠合不好，可使用等高线修测功能，对该处的等高线数据进行编辑。具体操作说明请参见等高线修测。

b. 城区地貌或混合地貌的立体模型。此类地形数据比山区数据的匹配结果稍差，可使用 VirtuoZo 的 DEMMaker 模块，编辑并生成高精度的 DEM，然后再使用 VirtuoZo 的自动生成等高线功能，生成等高线矢量文件，最后将该文件引入测图文件，进行少量的修测处理，即可完成此类地区等高线的测绘。具体操作步骤可参见上文中有关山区数据处理的说明。

② 大比例尺的等高线采集。大比例尺测图时，一般对采集等高线的精度要求较高，且一个模型范围内的等高线数量，比小比例尺影像数据要少一些。对于大比例尺测图，特别是城区和平坦地区，等高线的测绘可直接在立体测图中全手工采集。具体采集方法如下：

a. 选择等高线特征码。单击图标 Sh ，在弹出的对话框中选择等高线符号。

b. 激活立体模型显示窗口，单击"模式"→"人工调整"选项。

c. 设定高程步距。单击修改高程步距菜单项，在弹出的对话框中输入相应的高程步距（单位：米），按〈Enter〉键确认。

d. 输入等高线高程值。单击 IGS 窗口状态栏中的坐标显示文本框，在弹出的对话框中输入需要编辑的等高线高程值，按〈Enter〉键确认。

e. 启动高程锁定功能。单击状态栏中的锁定按钮。

f. 进入量测状态。单击图标 ✐ （也可踩下右脚踏开关在编辑状态和量测状态之间切换）。

g. 切准模型点。在立体显示方式下，驱动手轮至某一点处，并使测标切准立体模型表面（即该点高程与设定值相等），踩下左脚踏开关，沿着该高程值移动手轮，开始人工跟踪描绘等高线，直至将一根连续的等高线采集结束，此时，踩下右脚踏开关结束量测。注意：该过程中应一直保持测标切准立体模型的表面。

h. 如果要量测另一条等高线，可按〈Ctrl+↑〉键或〈Ctrl+↓〉键，可以看到状态栏中坐标显示文本框中的高程值，会随之增加或减少一个步距。

i. 重复上述步骤可依次量测所有的等高线。

③ 等高线修测。基本操作步骤如下：

a. 单击图标 Sh ，在弹出的对话框中选择等高线符号。

b. 激活立体模型显示窗口，单击"模式"→"人工调整"选项。

c. 单击 IGS 窗口状态栏中的坐标显示文本框，在弹出的对话框中输入需要编辑的等高线的高程值，按〈Enter〉键确认。

d. 单击状态栏中的"锁定"按钮。

e. 单击图标 ✍ 或踩下右脚踏开关，进入量测状态，然后单击等高线修测图标 ✍。

f. 对某段叠合不好的等高线，可在切准后重新量测这一段等高线，量测完成后，踩下右脚踏开关结束量测。

g. 移动手轮至需要删除的等高线段上，踩下左脚踏开关，即可删除该段等高线。

h. 重复以上步骤③、⑤、⑥、⑦可对其他等高线线段进行修测处理。

说明：在等高线修测过程中，应使用捕捉咬合功能，使正在修测部分的等高线与其邻接部分衔接光滑自然。

④ 等高线高程注记。等高线上的高程注记，一般是注记在计曲线上，注记的方向和位置均有规定标准，并且要求等高线在注记处自动断开。为了解决此问题，系统提供一个半自动添加等高线注记的功能。具体操作如下：

a. 激活矢量显示窗口，单击"视图"→"等高线注记设置"选项，系统弹出"等高线注记设置"对话框。

用户可在该对话框中设置等高线高程注记的字体、颜色、高度、宽度、小数位数及是否隐藏压盖段等，设置完成后，单击对话框右上角的关闭按钮，即可关闭该窗口。

b. 单击载入 DEM 图标 ▦，在弹出的对话框中选择与该模型对应的 DEM 文件并确认。

c. 激活矢量显示窗口，单击一般编辑图标 ✎，选中需要添加注记的等高线。

d. 单击半自动添加等高线注记图标 ✍，在需要添加等高线注记的地方单击，系统会自动添加等高线注记，并隐藏与注记重叠的等高线影像（必须在等高线注记设置对话框中选中隐藏压盖段选项），且该处的等高线注记字头的朝向自动朝向高处。

7）房屋量测。单击图标 Sh，在弹出的对话框中选择房屋的特征码，默认情况下系统会自动激活"折线"图标 ∿、自动直角化图标 ® 及自动闭合图标 ©。用户可根据实际情况选择不同的线型来量测不同形状的房屋（可选线型主要有：折线、弧线、样条曲线、手画线、圆和隐藏线）。一次只能选择一种线型（单击其中一种线型图标后，其他的线型图标将自动弹起）。用户也可根据实际情况选择是否启动自动直角化功能和自动闭合功能（按下图标为启动，否则为关闭）。激活立体影像显示窗口，单击图标 ✍，即可开始量测房屋。

① 平顶直角房屋的量测。

a. 鼠标测图。

a）移动鼠标使光标至房屋某顶点处，按住键盘上的〈Shift〉键不放，左右移动鼠标，切准该点高程，松开〈Shift〉键。

b）单击，即采集了第一点。

c）沿房屋的某边移动鼠标至第二、第三两个顶点，单击采集第二、第三点。

d）右击结束该房屋的量测，程序会自动做直角化和闭合处理。

b. 手轮脚盘测图。

a）移动手轮脚盘使光标至房屋某顶点处，旋转脚盘切准该点高程，然后踩下左脚踏开关，即记录下第一点。

b）沿房屋的某边移动手轮使光标至第二、第三两个顶点，踩下左脚踏开关采集第二、第三点。

c）踩下右脚踏开关，结束该房屋的量测，程序会自动做直角化和闭合处理。

c. 半自动提取。若房屋纹理比较清晰，可使用半自动提取功能量测房屋。

② 人字形房屋的量测。

a. 鼠标测图。

a）移动鼠标至该房屋某顶点处，按住〈Shift〉键不放，左右移动鼠标，切准该点的高程，然后松开〈Shift〉键。

b）单击，即采集第一点。

c）沿着屋脊方向移动测标使之对准第二个顶点，单击采集第二点。

d）沿着垂直屋脊方向移动测标使之对准第三个顶点，单击采集第三点。

e）右击结束，程序会自动匹配当前房屋的其他角点及屋脊线上的点。

b. 手轮脚盘测图。

a）移动手轮脚盘至房屋某顶点处，旋转脚盘切准该点高程，然后踩下左脚踏开关，即记录下第一点。

b）沿着屋脊方向移动测标使之对准第二个顶点，踩下左脚踏开关，记录下第二点。

c）沿着垂直屋脊方向移动测标使之对准第三个顶点，踩下左脚踏开关，记录下第三点。

d）踩下右脚踏开关结束，程序会自动匹配当前房屋的其他角点及屋脊线上的点。

c. 半自动提取。

③ 有天井的特殊房屋的量测。量测有天井的特殊房屋的具体操作步骤如下（以手轮脚盘量测为例进行说明，使用鼠标的操作与之类似）：

a. 根据房屋的形状选择合适的线型，包括折线、曲线或手画线。

b. 关闭自动闭合功能。单击自动闭合图标 C，使之处于弹起状态。

c. 移动手轮脚盘至房屋的某个顶点处，切准该点高程，然后踩下左脚踏开关采集第一个顶点。

d. 沿着房屋的外边缘依次采集相应的顶点。

e. 最后回到第一个顶点处，踩下左脚踏开关。按〈Shift〉键和数字键〈7〉，然后松开（即选择隐藏线型。在使用鼠标时，单击图标 可达到同样效果）。

f. 移动手轮脚盘至房屋内边缘的第一个顶点处，踩下左脚踏开关，然后同时按〈Shift〉键和数字键〈2〉，然后松开（即选择折线线型。在使用鼠标时，单击图标 可达到同样效果）。

g. 移动手轮脚盘沿房屋的内边缘依次采集所有的点，回到内边缘的第一个点后，踩下左脚踏开关。

h. 踩下右脚踏开关，结束该地物的量测。

有天井的房屋的量测结果如图 6-67 所示。

④ 共墙面但高度不同的房屋的量测。

a. 使用手轮脚盘或鼠标量测出较高的房屋。

b. 单击"工具"→"选项"选项，在弹出的"测图选项"对话框中选择"咬合设置"属性页，选择"二维咬合"选项，在"选中设置"栏中选择"最近"选项，还可根据需要设置咬合的范围及是否显示咬合的范围边框，如图 6-68 所示。设置完后，单击"确定"按钮。

图 6-67 有天井的房屋的量测结果

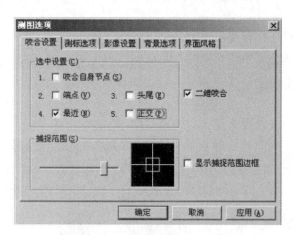

图 6-68 "测图选项"对话框

c. 量测比较矮的房屋。当测标移至共墙的顶点处，采集点位后，若计算机发出蜂鸣声，则表示咬合成功。若咬合不成功，则不会发出蜂鸣声，此时需重新量测该点（可按〈Backspace〉键回到上一个量测过的点）。如图 6-69 所示，矢量窗口中显示两房屋共边的情况。

⑤ 带屋檐的房屋的量测。

a. 按照上述量测房屋的方法量测房顶的外边缘。

b. 单击一般编辑图标 ，选中需要改正房檐的房屋，单击房檐改正图标 ，系统弹出房檐改正对话框。选择需要进行修正的房屋边，输入修正值（单位与控制点单位相同），单击"确定"按钮，则测图窗口中当前地物的房檐被修正。

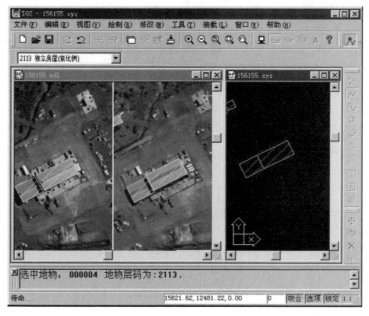

图 6-69　咬合显示

8）半自动量测。激活立体模型的窗口，单击工具栏图标 ✎，系统弹出"半自动测图"对话框。

在"半自动量测"属性页中，六个图标的功能依次为：进入全人工量测模式、双线道路的半自动量测、边缘的半自动量测、平顶房屋的半自动量测、人字形房屋的半自动量测和退出半自动量测模式。

① 双线道路的半自动量测。

a. 启动双线道路的半自动量测功能。单击"半自动量测"属性页中的图标 ≫，则该属性页如图 6-70 所示。

b. 沿道路一边进行量测，在道路终点右击或踩下右脚踏开关。在道路另一侧上单击或踩下左脚踏开关进行定位，此时系统弹出一个对话框。

图 6-70　"半自动测图"对话框

c. 在对话框中输入道路的宽度，计算机即可自动提取道路。

② 边缘的半自动提取。具体操作步骤如下：

a. 启动边缘的半自动量测功能。单击"半自动量测"属性页中的图标 ⌢。

b. 单击或踩下左脚踏开关依次在边缘（或道路）上定位各点。

c. 右击或踩下右脚踏开关，计算机自动提取边缘（道路）。

③ 平顶房屋的半自动量测。使用该半自动提取功能量测平顶直角房屋，作业员只需在房屋角点附近位置给定角点的大致位置，而无须精确定位房屋角点。可将本来由手工完成的精确定位的工作交由计算机来进行，从而大大减少作业员的劳动强度。

a. 两点法。一般采用两点法对平顶直角房屋进行半自动量测。具体步骤如下：

a）启动平顶房屋的半自动量测功能。单击"半自动量测"属性页中的图标 ⌐。

b）单击或踩下左脚踏开关，定位平顶房屋的两个对角点。

c）右击或踩下右脚踏开关，计算机将自动提取房屋轮廓。

说明：若一个模型中存在大量的平顶直角房屋，则还是需要手工进行许多重复性的工作。因此，系统提供了提取房屋模板功能，可对相同类型和大小的房屋进行半自动量测（模板为已经提取的房屋）。

b. 实例。

a）进入"半自动编辑"属性页。

b）选择所需量测的房屋类型：平顶直角房屋或人字形房屋。

c）在矢量窗口中找到一个房屋地物，作为量测模板。在该模板内按下鼠标左键，并移动鼠标。

d）鼠标移动过程中，代表房屋模板的虚线框将随之移动，同时，用户可以用鼠标滚轮旋转房屋模板。

e）近似定位后单击，计算机将自动提取房屋。

f）重复上述步骤可量测相同类型的其他房屋。

④ 人字形房屋的半自动量测。人字形房屋的半自动量测有两种方法：两点法和三点法。

a. 两点法：单击"半自动量测"属性页中的图标▤，其他操作说明请参见 3）平顶房屋的半自动量测。

b. 三点法：其操作不同于平顶房屋。一定要先测长边，然后再测短边，如图 6-71 所示。三个角点量测结束后，右击或踩下右脚踏开关，计算机将自动提取房屋轮廓。

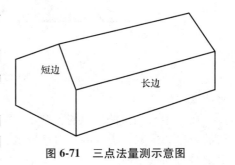

图 6-71　三点法量测示意图

二、数字线划图编辑

地物编辑是对已量测的地物进行修测或修改等操作，在影像窗口或矢量图形窗口中都可进行。系统将实时记录编辑后的数据，并实时显示编辑后的图形。主要步骤为：进入编辑状态；选择将要编辑的某个地物或其节点；选择所需的编辑命令；进行修测或修改。

1. 进入编辑状态

有两种方式可进入编辑状态：

方式一：单击图标▨，可进入编辑状态。

方式二：右击，可在量测状态和编辑状态之间切换。

2. 选择地物或其节点

进入编辑状态后，可选择将要编辑的地物或该地物上的某个节点。

1）选择地物：将光标置于要选择的地物上，单击该地物。地物被选中后，该地物上的所有节点都将显示为蓝色小方框。

2）选择节点：选中地物后，在其某个节点的蓝色小方框上单击，则该点被选中，该点上的小方框变为红色。

说明：在选择节点时，若打开了咬合功能，则所设置的咬合半径不能过大，以免当节点过密时，选错点位。

3）选择多个地物：在编辑状态下，可按住鼠标左键拖动拉框，选择框内的所有地物。

4）取消当前选择：在没有选择节点的情况下，右击，可取消当前选择的地物，蓝色小方框将消失。

3. 编辑命令的使用

所有编辑命令，都是基于当前地物（用蓝色小方框显示）或当前点（用红色小方框显示）的。因此，在对某个地物进行编辑之前，必须选中它，才能调用编辑命令。用户可使用以下三种方式调用编辑命令：

1）使用编辑工具条图标或修改菜单：用于编辑当前地物。

2）右键菜单：选中节点后，右击，系统弹出该菜单，用于编辑当前点。

3）快捷键：直接按键盘上某些键和鼠标左键等即可对当前地物或当前节点进行编辑。

（1）当前地物的编辑 对当前地物的编辑操作，有以下几种：

1）移动地物：单击图标 ，在窗口中单击已确定移动的参考点，再拖动当前地物移动至某处后，再次单击，则当前地物被移动。

2）删除地物：单击图标 ，单击需要删除的地物，则该地物被删除。

3）打断地物：单击图标 ，单击地物上需要断开的地方，则当前地物在该点断开为两个地物。

4）地物反向：单击图标 ，则反转当前地物的方向。主要用于陡坎、土堆等。

5）地物闭合：单击图标 ，将当前未闭合的地物变成闭合，或将当前的闭合地物断开。

6）地物直角化：单击图标 ，修正当前地物的相邻边，使之相互垂直。

7）房檐修正：单击图标 ，系统弹出房檐修改对话框，在其中选择需要修正的边，输入修正值（单位与控制点单位相同），单击"确定"按钮，则当前房檐被修正。具体说明请参见带屋檐的房屋的量测。

8）改变特征码：单击图标 ，系统弹出输入新的特征码对话框，在对话框中输入新的特征码，单击"确定"按钮，则当前地物的特征码被改变，窗口中显示的图形符号也随之改变。

说明：

1）以上的地物编辑命令，还可使用绘制菜单或快捷键执行。

2）此外，工具栏中还有一些其他的编辑工具按钮，具体请参见编辑工具栏图标。

（2）当前点的编辑 对当前点的编辑，可直接进行，也可通过系统弹出的右键菜单完成。

1）移动点：在当前地物的某蓝色标识框上拾取到某点后，可直接拖动测标至某位置，再单击，则当前点被移动。

2）插入点：在当前地物的两蓝色标识框之间拾取到某点后（关闭咬合功能），可直接拖动测标至某位置，再单击，则在这两点之间插入一点。

3）在当前地物的某点上单击，选中某点后，右击，系统弹出右键菜单。

①"放弃"：单击该菜单项后，取消编辑操作，并隐藏该右键菜单。

②"移动"：单击该菜单项后，拖动测标移至某位置，然后单击，则当前点被移动。

③"删除"：单击该菜单项后，则当前点被删除。

④"坐标"：单击该菜单项后，系统弹出"设置曲线坐标"对话框，显示当前点的坐标信息。用户也可直接在此修改当前点坐标，单击"确定"按钮后，相应的图形将随之更新。

4）在当前地物的两点之间选中某点后，右击，系统弹出右键菜单。

①"插入"：单击该菜单项后，拖动测标移至某位置，然后单击，则插入一点。

②"连接"：单击该菜单项后，在弹出的工具条上选择某项，即可改变当前点与后一点的连接形式。

（3）编辑恢复功能　单击图标 ↻ 或按快捷键〈Ctrl+Z〉，可恢复到该编辑操作前的状态。当多个地物一起删除时，一次只能恢复一个地物，最多可恢复 50 次。

（4）改变线型　选中某个矢量地物后，单击图标 ✎，系统弹出选择线型工具栏。单击其中某图标，则可将当前地物的线型改为该线型。

4. 半自动编辑

激活立体模型窗口，单击工具栏图标 🖋，系统弹出"半自动测图"对话框，选择"半自动编辑"属性页。

其中，三个图标的功能依次为：帮助信息、模板匹配半自动房屋量测和半自动点、线、面编辑。

1）单击图标 🏠，进入模板匹配半自动房屋量测模式。用户可通过选择图标右边的选项，设置平顶直角房屋或人字形房屋的模板。该功能可用于快速提取小区中大量同一规格的房屋。

2）单击图标 ✍，进入半自动点、线、面编辑模式。其中，三个选项的功能依次为：平移整个地物、平移单条边和移动单个点。

5. 文字注记

文字注记的设置和输入必须在注记状态下进行，单击主工具条上的图标 T 进入注记状态，系统弹出"注记"对话框，用户可在其中输入注记的文本内容和相关参数，然后在影像或图形工作窗口内单击，即可在当前位置插入所定义的文本注记，并显示在图形或影像中。

（1）注记的参数　单击"视图"→"文本对话框"选项或单击主工具条上的图标 T，系统弹出"注记"对话框，如图 6-72 所示。用户可根据需要定义注记参数。

1）"注记属性"。即注记文本字符串，包括汉字、英文字母和数字等。用户可使用快捷键或单击任务栏上的图标自由切换到汉字或英文输入状态。

①"大小"：注记字符串的字高，单位为毫米（输出图件上）。

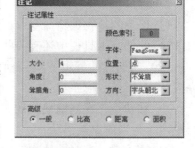

图 6-72　"注记"对话框

②"角度"：注记与正北方向的角度，单位为度。

③"耸肩角"：设定文字是否耸肩，一般有左耸、右耸、上耸、下耸四种表现形式，主要用于表示山脉注记。

④"颜色索引"：定义注记的颜色。用户可任意选择 16 种 VGA 颜色之一。单击"颜色索引"右边的彩色块，系统弹出颜色面板，在其中单击需要的颜色即可。

⑤"字体"：定义注记字体。系统提供两种字体选项：FangSong（仿宋）和 Song（宋体）。

⑥"位置"：定义注记的分布方式。

a. 点：单点方式。该方式只需确定一个点位和一个角度，系统即沿给定的方向和点位添加注记。

b. 多点：多点方式。该方式下需给每一个字符定义一个点位，字头朝向只能是正北。

c. 线：直线方式。该方式下需定义两个点位，注记沿这两个点所定义的直线的方向分布，字间距由两点间线段的长度决定，每个字的朝向则是根据直线的角度确定的。

d. 曲线：任意线方式。该方式利用若干个点位确定一个样条曲线，注记沿该曲线分布，每个字的朝向由样条上该点的切线确定。

⑦"形状"：定义注记字体的变形情况。包括不耸肩、左耸、右耸、上耸和下耸等五种选项。通常用于对河流、山脉等不规则地物的注记。

⑧"方向"：定义注记文字的朝向。

a. 字头朝北：字头朝正北。

b. 平行方式：字头与定位线平行。

c. 垂直方式：字头与定位线垂直。

2）"高级"。对话框中有四个高级选项：

① 一般：该选项为系统默认选项。系统将按用户的定义添加注记。

② 比高：选中该选项，则系统将自动添加比高注记。

③ 距离：选中该选项，则在量测两点间距离时，系统将自动为其添加距离注记。

④ 面积：选中该选项，则在量测地物的面积时，系统将自动为其添加面积注记。

（2）注记的编辑　在编辑状态下，选中要进行编辑的注记后，方可对该注记进行编辑。

1）修改注记参数：在"注记"对话框中修改注记参数，即可修改当前注记。

2）编辑注记位置：可使用常规的插入、删除、重测等编辑命令，对注记点位进行任意修改。

第六节　数字栅格影像图生成

一、数字栅格影像图

1. 数字栅格影像图介绍

（1）栅格数据　栅格数据用一个规则格网描述与每一个格网单元位置相对应的空间现象特征的位置和取值。在概念上，空间现象的变化由格网单元值的变化反映。地理信息系统中许多数据都用栅格格式表示。栅格数据在许多方面是矢量数据的补充，将两种数据相结合是 GIS 项目的一个普遍特征。

1）栅格数据模型要素。栅格数据模型在 GIS 中也被称为格网（Grid）、栅格地图、表面覆盖（Surface Cover）或影像。格网由行、列、格网单元组成。行、列由格网左上角起始。在二维坐标系中，行作为 y 坐标、列作为 x 坐标。在这点上与纬度作为 y 坐标、经度作为

157

x 坐标有点类似。

2）栅格数据类型。

① 卫星影像：是用栅格格式记录的。卫星影像像元值代表从地球表面反射或发射的光能。通过分析像元值，影像处理系统可从卫星影像中提取各种专题，如土地利用、水文、水质、侵蚀土壤面积等。

② 数字正射影像图（DOM）：是一种由航片或其他遥感数据制备而得到的数字化影像，其中由照相机镜头倾斜和地形起伏引起的位移已被消除。数字正射影像是以地理坐标参考的，并可与地形图和其他地图配准。

（2）数字栅格影像图　数字栅格地图（Digital Raster Graphic，DRG）是根据现有纸质、胶片等地形图经扫描和几何纠正及色彩校正后，形成在内容、几何精度和色彩上与地形图保持一致的栅格数据集。简单地说，数字栅格地图就是将线划图由 DWG、DGN 等矢量格式，变成 JPG 等类似数码照片的栅格文件。所以，数字栅格地图是模拟产品向数字产品过渡的一种产品形式，它是现有纸介质地形图以数字方式存档和管理最简捷的形式。

数字栅格地图（DRG）的技术特征为：地图地理内容、外观视觉式样与同比例尺地形图一样，平面坐标系采用 1980 西安坐标系大地基准；地图投影采用高斯-克吕格投影；高程系统采用 1985 国家高程基准。图像分辨率为输入大于 400dpi，输出大于 250dpi。

2. 数字栅格影像图生成

（1）DRG 的制作流程和方法

1）纸质地图扫描。通过扫描仪的 CCD 传感器进行采样，同时对采用的每一像元的灰度进行量化，生成二维像元阵列，扫描分辨率应不低于 500dpi。对于分版黑白或单色地形图，采用 256 级灰度模式存储，对于彩色地图，采用 256 色索引模式存储。扫描的结果应该清晰，图廓点和公里格网的影像必须完整。

2）辐射处理。通过辐射调整，使图像亮度适中、反差分明、地物突出、目标连续。如在扫描数字化的过程中引入背景噪声，则要将其滤波，并确定地物信息没有损失。

3）图幅定向。通过图幅定向可以将扫描坐标转换成高斯平面坐标，使数字栅格地图和纸质地图一样，具有大地坐标可量测性。图幅定向具体是通过四个内图廓实现的。

四个图廓点的图像坐标可以从影像上获取，获得四个图廓点理论大地坐标后，根据整体几何畸变类型，采用适当的改正模型建立大地坐标和影像坐标之间的解析关系，一般多采用仿射变换或多项式模型实现图幅定向。

4）确定格网点坐标和分块纠正。在图纸扫描误差不大，图纸变形很小或者对几何精度要求不高的情况下，通过图幅定向改正整体畸变，将扫描后的影像转换成数字栅格地图。如果误差比较大或者对几何精度要求很高，就需要在图幅定向的基础上，将扫描的图纸划分成若干小块，再对这些局部区域进行精纠正，改正局部畸变。通常采用地形图上的公里格网作为最小局部纠正区域，根据图幅定向建立的高斯平面坐标和影像坐标间的几何位置关系，自动确定公里格网的概略图像坐标，再通过人工交互精确定位公里格网位置；而每个格网点的理论高斯平面坐标可由图廓点坐标和格网间距计算出来。局部精纠正数学模型一般采用双线性变换公式，通过一个公里格网的四个角点，可以唯一确定一组双线性多项式系数。因无多余观测，相邻格网单元公共边上的线性要素总是连续的，不会产生错位或裂缝。

影像纠正包含两个过程：一是确定输出图像的范围和坐标系，按照选定的纠正变换模型把原始图像中的每一个像素变换到纠正后的几何空间中，计算几何位置；二是通过直接赋值或内插的方式，确定纠正后图像中每个像素的灰度值。在实施中直接方案和间接方案如图 6-73 所示。直接方案是从原始图像阵列出发，按行列的顺序依次计算每个原始像素在输出图像中的正确位置，同时把该像素的灰度值赋给由变换函数算得的输出图像中的相应点。间接方案是从假设的纠正后的影像出发，依次根据几何纠正数学模型，计算出纠正后图像的每个像素在原始畸变图像中对应的点位，如果该点位正好落在纠正图像的某个像素上，就直接把该像素灰度值赋给纠正后图像作为输出灰度值，否则就根据待纠正图像中邻近的像素点灰度内插出输出图像的灰度值。

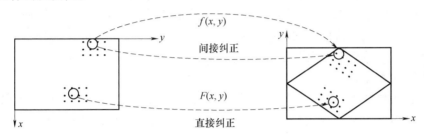

图 6-73　直接方案和间接方案示意图

由于直接方案往往会造成输出图像出现漏洞，因此在实际应用中一般采用间接方案。内插方法从邻近像元法、双线性到双三次卷积精度越来越高，同时计算量也相应地增加，所以在实践中要根据具体情况分别选用。

5）栅格数据编辑和质量检查。对纠正好的 DRG 进行图面质量检查，如果是彩色地图要按照 DRG 进行几何精度检查和评估，记录合格的 DRG 对应的描述信息，形成元文件同 DRG 一起存档。

（2）数字栅格地图的检验方法

1）元数据文件、文档簿：对照规定的样张、范例进行检验。

2）单位产品图廓点精度、公里格网点精度、套合精度、彩色表的正确性一般用经过鉴定的检测软件进行检查；也可以用生产软件中生成的理论格网与图上公里格网进行套合比较的方法检验公里格网精度，将图幅的图廓边长的检测值与理论值进行比较，检验图廓边长、对角线各条边长是否符合精度要求。

3）分版图着重检验图幅的纠正、分辨率、颜色表、数据格式是否正确，兼顾检查图面内容有无明显错误。

4）单位产品图面内容的检验。根据数字栅格地图图形必须忠实于原图的原则可直接将样本图幅文件和原图进行比较检查：将样本图幅文件转为 DRG 模式；在 DRG 状态下，新建与样本图幅具有同样图像大小的空白层（检查层）；将检查层拷贝、粘贴到样本图幅上；将检查层变为当前层，并以红色（DRG：255、0、0）标注样本图幅图面存在的问题；删除样本图幅层，保存检查层，并以"T+图号"命名。

3. 数字栅格地图用途

数字栅格地图产品是模拟产品向数字产品过渡的产品，可作为背景参照图像与其他空间信息进行相关参考与分析。可用于查询偏角信息，查询原数据信息，查询点位坐标，根据坐标定位目标点，量算任意折线距离，计算任意多边形面积，行程测算，坡度量测，可重采样，图幅拼接与裁切处理，统计图幅中各种颜色所占比例等。DRG 还可作为背景用于数据参照或修测拟合其他地理相关信息，用于数字线划图（DLG）的数据采集、评价和更新；还可与数字正射影像图（DOM）、数字高程模型（DEM）等数据信息集成使用；派生出新的可视信息，从而提取、更新地图数据，绘制纸质地图。

二、数字栅格影像图生成

VirtuoZo 制作 DRG 的流程

本模块根据所定义的图廓参数文件"＊.mf"，对数字地形图和正射影像图进行图廓整饰、影像裁切以及矢量与影像的叠加等处理，生成栅格图幅产品文件"＊.map"或图廓矢量文件"＊.dxf"。用户可按成图规范的要求，为图幅加入内外图廓线、公里格网线、图廓注记、接合图表、图幅名称、比例尺和各种文字说明等。

主要作业步骤如下：

（1）进入图廓整饰主界面　在 VirtuoZo 主界面中单击工具→图廓整饰菜单项或双击可执行文件"OutImage.exe"启动程序，系统弹出图廓整饰主界面 New Map-MapGroom，如图 6-74 所示。

图 6-74　图廓整饰主界面

（2）打开要使用的数字影像文件　在 New Map-MapGroom 界面中单击"文件"→打开菜单项，在系统弹出的打开对话框中选择需要整饰的影像文件，如 5756.orl 或已经存在的整饰结果文件".map"，系统将打开所选影像并弹出"属性"对话框。用户可在此分步设置所有的图廓参数。

"属性"对话框包含九个属性页，它们是：影像、图廓、矢量、图框、注记、格网、图表、标识和输出。

注意：更改参数后，单击"刷新显示"按钮才可使系统接受所做修改，并实现预览效果。

（3）填写图廓参数

1）影像属性设置。单击"影像"，如图 6-75 所示。

单击浏览按钮，系统弹出打开→文件对话框，在其中选择要整饰的影像文件，单击"刷新显示"按钮，系统将读入当前影像的基本信息。

注意：单击"刷新显示"按钮，系统才会更新所做的设置。

2）图廓属性设置。单击"图廓"，如图 6-76 所示。

① 指定图廓参数文件：若已有图廓文件，则单击"图廓参数种子文件"文本框右边的浏览按钮，在弹出的"打开一个文件"对话框中指定已有的图廓参数文件".mf"即可将该图廓参数读入对话框。若尚未建立图廓文件，则在弹出的对话框中输入新图廓文件名，

然后在其他属性页中输入新的图廓参数。

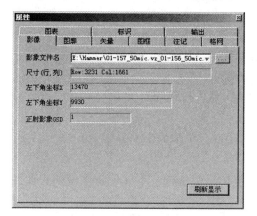

图 6-75 影像属性设置

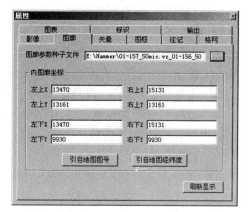

图 6-76 图廓属性设置

② 在"内图廓坐标"栏中的八个文本框内输入图廓四角的地面坐标,见表 6-3。

表 6-3 图廓四角坐标表

左上 X	左上角图廓 X 地面坐标	右上 X	右上角图廓 X 地面坐标
左上 Y	左上角图廓 Y 地面坐标	右上 Y	右上角图廓 Y 地面坐标
左下 X	左下角图廓 X 地面坐标	右下 X	右下角图廓 X 地面坐标
左下 Y	左下角图廓 Y 地面坐标	右下 Y	右下角图廓 Y 地面坐标

③ 用户也可通过系统内置的坐标系自动填写坐标范围。单击"引自地图经纬度"按钮,在"经纬度坐标"对话框中选择使用的投影方式和分带系统,如图 6-77 所示。

经度和纬度:设置当前标识项的经纬度。使用星号"＊"表示图幅度、分、秒间的分隔符。例如,某经度为 115°0′0″,则应输入字符串"115＊0＊0"。

说明:LB 表示左下角,RT 表示右上角。

3)矢量属性设置。单击"矢量",如图 6-78 所示。

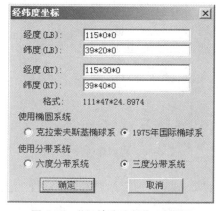

图 6-77 "经纬度坐标"对话框

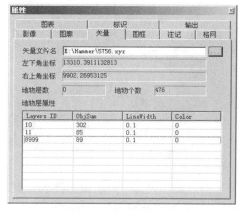

图 6-78 矢量属性设置

单击"矢量文件名"文本框右侧的浏览按钮，系统弹出打开一个文件对话框,在其中选择需要引入的矢量文件。

"地物层属性"列表用来显示该测图文件的基本信息，其中各列依次为：制图符号的属性码、地物数量、该符号的线宽和颜色属性。

4）图框属性设置。单击"图框"，如图 6-79 所示。

①"内图框"：选择内图框形式并设置内图廓的线宽，单位为毫米。

②"输出外图框"：在输出图件上绘制图幅外图廓。

③"沿外图框裁切"：以外图廓为范围对影像或矢量进行裁切。

④"外框线宽度（毫米）"：外图廓线宽，单位为毫米。

⑤"外框偏移量（毫米）"：内图廓到外图廓的距离，单位为毫米。

5）注记属性设置。

①"坐标注记位置"：选择坐标注记的位置，包括三个选项：不注记、注记四边和注记四角。

②"坐标注记单位"：选择坐标注记的单位，包括两个选项：米或公里。

③"小数位数"：设置坐标注记小数点后的位数。

④"坐标注记字体"：套用了 Windows True Type 字体，可直接调用。

⑤"小字字高"：坐标注记字百公里以上的部分的字高，单位为毫米。

⑥"大字字高"：坐标注记字百公里以下的部分的字高，单位为毫米。

6）格网属性设置。单击"格网"，如图 6-80 所示。

①"格网类型"：是否显示格网，或采用格网形式还是十字形式。

②"图上格网间距（毫米）"：格网间距，单位为毫米。

③"地面上格网间距（米）"：地面格网间距，单位为米。该值与图上格网间距相互关联（比例尺的倍数），输入其中一个，另一个随之调整。

④"54 坐标系偏移（米）"：在此输入北京 54 坐标系和西安 80 坐标系的坐标偏移量。

图 6-79　图框属性设置

图 6-80　格网属性设置

7）图表属性设置。单击接合图表或无图表前面的单选框，确定是否在输出图件上绘制接合图表。并在接合图表的小格中（中心小格除外），依次输入与本幅图邻接的图幅编号。

① 偏移量（毫米）：接合图表的底线到内图廓的距离，单位为毫米。

② 字符高度（毫米）：接合图表中的字符高度，单位为毫米。

③ 列宽（毫米）：接合图表每小格的宽度，单位为毫米。

④ 行高（毫米）：接合图表每小格的高度，单位为毫米。

⑤ 图例表与图框距离：图例表距外图廓的距离，单位为毫米。

8）标识属性设置。

① 标识字符串：标识字符串的内容（用字符串表示）。

② 标识项名称：给当前标识字符串一个标识名称。

③ 现有标识项：显示现有标识项列表。

④ 标识偏移量：当前标识与内图廓的距离，单位为毫米。

⑤ 字高：当前标识字符串的字高，单位为毫米。

⑥ 字体：选择一种 True Type 字体。

⑦ 标识项相对位置：系统对标识字符串与图廓的相对位置定义。

说明：在"标识项名称"文本框中输入标识项的名称，单击"新增"按钮，将其添加到现有标识项列表中。在标识项列表中选中某项，单击"删除"按钮，即将其删除。

（4）生成图幅产品　单击"输出"，如图 6-81 所示。确定输出参数，单击"执行输出"按钮，系统根据所定义的参数生成图幅产品。

1）"输出栅格文件名"：用于指定生成图幅文件的文件名和路径。

若指定的"∗.map"文件已经存在，则单击"显示结果"按钮，可查看该图幅文件。

若指定的"∗.map"文件不存在，则输入新的"∗.map"文件名和路径，单击"执行输出"按钮，系统将生成新的图幅文件。处理完毕后单击"显示结果"按钮以查看该图幅文件。

2）"矢量格式图廓"：用于指定生成的图廓文件并保存其路径。单击"矢量格式图廓"前的复选框，给定新的 DXF 格式的文件名，单击"执行输出"按钮即可。

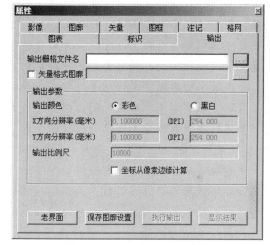

图 6-81　输出属性设置

注意：选中"矢量格式图廓"复选框，系统将把所有的图廓矢量信息输出为 DXF 格式，而相应的测图的矢量信息及正射影像信息将仍然叠加输出为"∗.map"文件。用户可以利用 AutoCAD 等软件编辑图廓的矢量信息，然后再套合"∗.map"文件输出成一幅完整的地图。

AutoCAD 不能直接读取"∗.map"文件，用户可以利用 VirtuoZo 系统提供的影像格式转换功能将其转换为 AutoCAD 可以识别的格式，如 TIFF、JPEG 等。

3）输出参数：

①"彩色"：输出彩色图像。

②"黑白"：输出黑白图像。

③"X 方向分辨率（毫米）"：输入当前数字影像输出设备 X 方向的分辨率，单位为毫米。系统将自动计算出相应的 DPI 值。

163

④ "Y方向分辨率（毫米）"：输入当前数字影像输出设备Y方向的分辨率，单位为毫米。系统将自动计算出相应的DPI值。

⑤ "输出比例尺"：输入输出比例尺的分母，如比例尺为1:5000，则输入"5000"。

⑥ "坐标从像素边缘计算"：选中该复选框表明坐标不是从像素中心而是从像素边缘计算的。

4）按钮说明：

① "老界面"：单击该按钮，返回VirtuoZo图廓整饰老模块界面。

② "保存图廓设置"：单击该按钮，保存图廓参数文件". mf"。

③ "执行输出"：单击该按钮，生成所定义的图幅文件". map"。

④ "显示结果"：单击该按钮，显示当前已生成的图幅文件。

（5）显示图幅产品　单击"显示结果"按钮，显示生成的图幅产品文件。

小　结

数字摄影测量的主要工作就是根据航空拍摄的像片，利用数字摄影测量工作站生成4D产品，即DEM、DOM、DLG、DRG。

数字摄影测量产品生成时，首先需要进行模型定向操作，具体包括数字影像的获取、测区建立、模型内定向、相对定向、绝对定向。

使用数字摄影测量工作站进行数字高程模型生成时，需要进行核线影像生成、数字影像特征提取、数字影像线编辑和面编辑、生成DEM。

使用数字摄影测量工作站进行数字正射影像生成时，需要在数字微分纠正的基础上，进行DOM生成、拼接及修补，并完成图廓整饰。

使用数字摄影测量工作站进行数字线划图生成时，需要进行立体量测地物地貌、等高线修测、数字线划图接边等工作，具体包括立体量测地物地貌、地物地貌注记、等高线修测、数字线划图接边、数字线划图的分幅与图廓整饰。

使用数字摄影测量工作站进行数字栅格影像图生成时，具体包括数据格式转换、选刺DRG控制点、分块纠正、调整色度等工作。

思考和练习

简答题

1. 数字摄影测量与传统摄影测量的根本区别是什么？

2. 数字摄影测量系统（数字摄影测量工作站）的主要功能与产品是什么？

3. 数字摄影测量内定向的目的是什么？

4. 内定向时确定框标的作用是什么？

5. VirtuoZo如何进行内定向？

6. VirtuoZo如何进行相对定向？

7. 如果相对定向时局部地区同名像点不够该如何处理？

8. 绝对定向时量测像控点的目的是什么？

9. VirtuoZo 如何进行绝对定向？

10. VirtuoZo 在做绝对定向时如何控制控制点的刺点中误差？

11. 什么是同名核线？

12. 简述水平像片上同名核线的几何关系。

13. 简述倾斜像片上同名核线的几何关系。

14. 用 VirtuoZo 生成核线定义作业区域时应注意些什么？

15. 什么是影像匹配？其与影像相关有什么区别？

16. 什么是基于特征的影像匹配？

17. 在 VirtuoZo 中如何对高于地面的等高线进行处理？

18. 在 VirtuoZo 中如何对水面进行处理？

19. 简述数字地面模型的发展过程。

20. 什么是 DTM、DEM？DEM 有哪几种主要的形式？其优缺点各是什么？

21. 简述数字摄影测量的 DEM 数据采集各种方式的特点。

22. 试比较各种 DEM 内插方法的优缺点并简述。

23. 影响 DEM 精度的主要因素是什么？

24. 什么是数字纠正？

25. 简述正射影像的制作过程。

26. 怎样进行正射影像图图廓整饰？

27. 采集房屋时，如果屋顶高低不同，该如何采集？

28. 采集公路时，如何处理两条公路的交叉处？

29. 采集等高线时，如何确定高程？

30. 在 Virtuozo 中如何注记文字？

31. 在 Virtuozo 中如何改变属性？

第七章

无人机摄影测量

无人机摄影测量具有效率高、成本低、操作灵活等特点，越来越广泛地应用于测绘生产。其主要工作包括航片拍摄和航片处理两个阶段，航片拍摄阶段需要进行无人机摄影测量系统的连接调试，以及测区范围、航高、重叠度等参数设定操作，航片处理阶段的内容包括航区三维模型的建立及 DOM、DEM、DLG 的生成。

第一节　无人机摄影测量概述

一、无人机的概念

无人机（Unmanned Aircraft，UA）是由控制站管理（包括远程操纵或自主飞行）的航空器，也称为远程驾驶航空器（Remotely Piloted Aircraft，RPA），英文也常用缩写 UAV（Unmanned Aerial Vehicle）。一般所说的无人机是无人驾驶飞机的简称，但也有飞行自动控制、搭载乘客的无人机，采用无人机的多旋翼结构进行载人飞行。有的地方通俗定义为：无人机是一种机上无人驾驶、由动力驱动、可重复使用的航空器。在美军《国防部词典》定义中，无人机是指不搭载操作人员的一种动力空中飞行器；既能一次性使用也能进行回收；能够自动飞行或进行远程引导；能够携带致命性或非致命性有效任务载荷；无人机要完成任务，除需要飞行平台外还需要任务设备、地面控制设备、数据通信设备、指挥控制设备等。完整意义上的无人机应称为无人机系统，包括飞行平台、任务载荷、数据链、地面控制等部分。综合以上可以这样定义：无人机是一种机上无人驾驶、由动力驱动、可重复使用，能地面操控也能程控飞行，并搭载任务载荷完成特定任务的航空器系统。无人机与其他航天手段的区别见表 7-1。

表 7-1　无人机与其他航天手段对比表

对比项	驾驶方式	控制方式	任务载荷	使用次数
无人机	无人	程控、遥控	多种任务载荷	重复
有人机	有人	人为控制	多种任务载荷	重复
航模	无人	遥控操纵	无任务载荷	重复
导弹	无人	程序控制 自主飞行	多种任务载荷	一次性

二、无人机的发展历程

1. 世界无人机发展历程

1903 年 12 月 7 日，美国莱特兄弟发明的"飞行者一号"完成了人类历史上第一次完全依靠自身动力、人工操作、自重高于空气的飞行器试飞试验，开创了人类的航空时代，如图 7-1 所示。

图 7-1 "飞行者一号"

1903 年之后，航空科学在民用交通领域需求、第一次世界大战和第二次世界大战的军事领域需求双重刺激下获得了高速发展。到 20 世纪 40 年代末，人类载人航空器已经从最初的"飞行者一号"发展到活塞发动机，动力极限速度近 800km/h，航程由最初的 100m 拓展到 6000km。

在载人航空器取得巨大进步的同时，无人机悄然在航空科技的"角落"中萌发。在 1903 年莱特兄弟发明第一架载人航空器之后的第四年（1907 年），美国电气工程师埃尔默·A. 斯佩里发明了世界上第一台自动陀螺稳定器（陀螺仪）。这是一种对载人飞行器和无人机非常关键的设备，正是这种陀螺仪的诞生使人类能够时刻掌握飞行器在空中飞行时的姿态，为日后实施自动飞行奠定了坚实的基础。因此，在这位先驱去世后，为了表彰斯佩里对航空工业的贡献，美国专门设立了 Elmer Ambrose Sperry 奖，专门用来表彰在航空运输工程技术领域做出突出贡献的人物。

20 世纪 20 年代是航空史上极具开拓精神的时期，斯佩里的这项发明出现之后立即被一家具有传奇色彩的航空公司看中，这就是美国柯蒂斯航空公司。柯蒂斯航空公司将 N-9 型双翼水上教练机进行了开拓性的改装，去掉飞行员座舱，改成全封闭的机身结构，并且安装了自动陀螺仪和无线电控制装置，换装功率更大的活塞发动机，具有在机身底部搭载一枚 167kg 炸弹或者鱼雷的能力，这样的性能即使放在今天也是不错的。随后，这架新型的飞机成功进行了无线电遥控飞行试验，并获得成功，成为人类航空史上第一架无人机。不过很遗憾，这种型号的无人机并没有参加实战，只是停留在试验样机阶段。

在无人机发展的初期，真正让无人机技术大放异彩的却是第二次世界大战中的德国。20 世纪 30—40 年代，德国为了实现跨越英吉利海峡攻击英国的战略目标，对无人驾驶技术持续进行了投入研发，并于 1944 年完成了一种全新远程无人攻击系统的研发，这就是著名的 V-1 型飞航式导弹。从外观上看，V-1 更像一架无线电控制的飞机，采用直机翼设计，由于没有驾驶舱，整个机身非常细长光滑，机身北部设置一台一次性使用的小型喷气式发动机。

此外，因为装载近 800kg 的高爆炸药，整个 V-1 质量高达 2t，所以，需要设置专门的弹射架，通过一台额外的助推发动机帮助 V-1 起飞。但是由于受当时无线电控制技术和导航技术水平的限制，V-1 在飞越二百多千米的航程之后，攻击精度相当差，并不能实现高精度的攻击，但是所产生的破坏力仍具有一定的威慑性。德国还在第二次世界大战期间开发了 V-2 型武器，不过这种武器已经归入真正的弹道导弹范畴，不再属于无人机种类。

在冷战时期，美国为了能够深入到敌对国家进行战术、战略侦察，并且尽可能地降低被发现和被击落带来的政治风险，从 20 世纪 50 年代专门研发了两款不同类型的无人机。第一种就是由美国瑞安公司研发的"火蜂"无人侦察机，这种无人机采用了喷气式动力系统，发动机安装在机身中部下方位置，后掠翼设计，全身通常喷涂橘红色，宛如火蜂。"火蜂"无人机没有起落架，降落时采用发动机触地方式，通过发动机的损坏来吸收触地碰撞能量。在发射方式方面，"火蜂"采用了两种可选方式，一种是由大型运输机空投，二是由地面火箭助推器发射。实际应用中第一种最为常见。

美国战后开发的第二种无人机产品就是"D-21"型高空高速隐身无人侦察机。这种无人机源自 SR-71"黑鸟"侦察机，是为了防止被敌方防空导弹击落才研发的。"D-21"性能相当优越，经常黑夜潜入敌对国家执行侦查任务，天亮前离开，极其隐蔽。根据公开报道，20 世纪 60 年代"D-21"曾侵入我国领空试图侦查罗布泊地区，但仍被我防空部队成功击落。

整个冷战期间，美国仅研发了为数不多的无人机，使用的范围也仅停留在靶机和侦查两大领域。但是却有一个国家在无人机领域里另辟蹊径，并最终成为无人机强国，从某种程度上说，21 世纪的无人机热潮就是这个国家引发的。这就是中东强国——以色列。

1968 年，以色列为了战争需要整合国内相关军工企业，成立以色列航空工业有限公司，这家公司早期为以色列空军进行有人机（如战斗机、运输机等）的维修、改进工作，之后开始独立研发设计战斗机、反舰导弹和防御系统等诸多军事装备。进入 20 世纪 80 年代，以色列国防军从历次中东战争中总结经验，发现无人机在军事领域非常具有使用价值，因此，要求 IAI 研发相关产品。从 1982 年开始，IAI 先后研发出了一些非常著名的无人机产品。

第一代"Scout"（侦察兵）中程通用型无人机，如图 7-2 所示。这种无人机采用了后推式动力布局，使用活塞发动机，双尾翼双尾撑、上单翼、前三点起落架总体布局。这种布局有利于机头搭载各种类型的侦查和通信设备。经过历次战火证明，该布局非常成功，也成为当今无人机，特别是军用固定翼无人机非常经典的布局方案之一，各国竞相模仿。

第二代"Pioeer"（先锋）中程通用型无人机，这种无人机依然延续了第一代无人机的布局形式，但是根据客户的实际需求，采用了火箭助推的零长发射方式，不再依赖任何机场跑道，返航采用伞降方式降落，这就可以实现在陆地和军舰上灵活部署。这种布局方式同样也成为军用固定翼无人机非常经典的布局方案之一，可见以色列无人机工业水平相当先进。

进入 21 世纪，得益于以色列在历次中东战争中使用无人机表现出的成功战绩，美国重新审视了自身的无人机技术路线图，明确指出"无人机是未来军队战斗力的倍增器"。依靠自己强大的航空工业基础，美国从 2000 年开始重新大规模部署了一系列自主研发的无人机产品，如非常有名的"捕食者"攻击型无人机和远程无人侦察机"全球鹰"（见图 7-3）。这些美制无人机无论从部署规模上，还是在技术水平方面，都让美国在很短时间内超越了以色列，成为世界无人机一流水平的国家。

图 7-2　侦察兵无人机

图 7-3　"全球鹰"无人机

2010 年以来，美国、欧洲、以色列等仍在继续研发更为先进的无人机系统，重点瞄准信息化、网络化、智能化三个方向。

2. 中国无人机发展历程

相比于西方航空大国，新中国成立后，由于国内工业基础较为薄弱，航空事业起步比较晚，不仅是在无人机领域，载人机方面也较落后。但是，在这种不利情形下，新中国大力开展了面向全社会的航空模型运动，立足于各高等院校、研究所和相关单位，培养航模专业人才队伍。正是这种培养体制作用下，孕育出了新中国的无人机事业，并通过近 50 年的发展，最终形成了可以和美国相媲美的世界一流无人机水平。

在 2005 年之前，国内无人机研发格局形成了以西北工业大学 365 所、北京航空航天大学无人机所和南京航空航天大学无人机所三家单位为核心的局面，产品基本上以中小型无人机为主，少量涉足大型无人机。在 2005 年以后，中航工业集团、中国航天科工集团、中国电子科技集团等大型国有企业纷纷开始进军无人机行业，凭借多年在大型航空飞行器、航天飞行器领域积累的技术沉淀，数年之间就推出了诸如彩虹系列、翼龙系列、翔龙系列等一大批高端无人机产品，迅速推广到海外市场，使我国高端无人机产业进入世界一流梯队。

2006 年之前，国内无人机产品都是以军用为主，民用产品极少。但是 2006 年是一个非常关键的分水岭，这一年在深圳，大疆创新科技有限公司（简称大疆公司）成立了。大疆公司成立之初就凭借所掌握的四旋翼自稳控制算法的核心技术，迅速推出了面向航空摄影市场的"精灵"系列、"御"系列、"悟"系列等小型四旋翼无人机，依靠飞控介入背景下的简单人工操作，专业的云台摄影设备以及高清图传功能，让这种小巧的航拍无人机投放市场之初就大受欢迎，不但畅销国内市场，还远销欧美，彻底激活了民用无人机市场。大疆精灵 4 如图 7-4 所示。

图 7-4　大疆精灵 4

在大疆公司的引领下，零度、亿航、易瓦特等一大批民用无人机公司纷纷成立，推出了以四旋翼、六旋翼、八旋翼为主的多旋翼系列无人机，不但涉足民用航拍市场，还创造性地投入到农业植保、地质测绘、安全防护等诸多领域，引领了世界民用无人机的发展浪潮。从目前趋势来看，在民用无人机研发和应用领域，中国同样处于世界一流的水准。

三、无人机的分类

近年来，国内外无人机相关技术飞速发展，种类繁多、用途广泛、特点鲜明的无人机在其尺寸、质量、航程、航时、飞行高度、飞行速度、性能以及任务等多方面都有较大的差异。基于无人机的多样性，对无人机会有不同的分类方法，且不同的分类方法相互交叉、边界模糊。

无人机按飞行平台构型可分为固定翼无人机、多旋翼无人机、无人直升机和伞翼无人机等。无人机按应用领域分为军用无人机和民用无人机。军用无人机又可分为侦察无人机、诱饵无人机、电子对抗无人机、通信中继无人机、无人战斗机以及靶机等；民用无人机可分为巡查/监视无人机、农用无人机、气象无人机、勘探无人机以及测绘无人机等。无人机按尺度（民航法规）可分为大型无人机、小型无人机、轻型无人机和微型无人机。无人机按活动半径可分为超近程无人机、近程无人机、短程无人机、中程无人机和远程无人机。超近程无人机活动半径在 15km 以内，近程无人机活动半径在 15~50km，短程无人机活动半径在 50~200km，中程无人机活动半径在 200~800km，远程无人机活动半径大于 800km。

无人机按照外形结构主要分为以下三类：

（1）固定翼无人机　动力系统包括桨和助推发动机。该无人机是三类飞行器中续航时间最长、飞行效率最高、载荷最大的无人机。其缺点是起飞时必须助跑，降落时必须滑行，不能空中悬停。

（2）无人直升机　特点是靠一个或者两个主旋翼提供升力，如果只有一个主旋翼，还必须有一个小尾翼产生的自旋力；主旋翼有极其复杂的机械结构，通过控制旋翼桨面的变化调整升力的方向。动力系统包括发动机、整套复杂的桨调节系统。其优点是可竖直起降、空中悬停；缺点是机械结构较为复杂，维护保养费相对较高。图 7-5 所示为美国"火力侦察兵"无人机。

（3）多旋翼无人机　多旋翼无人机（见图 7-6）是指四个或更多旋翼的直升机，动力系统由发电机直接连桨。其优点是机械结构简单，能竖直起降、空中悬停；缺点是续航时间相对较短，载荷最小。随着技术的成熟，零件成本降低，并且开发了航拍、电力巡检、航摄、测绘等应用场景，使以多旋翼无人机为主的小型民用无人机市场成为热点。

图 7-5　美国"火力侦察兵"无人机

图 7-6　多旋翼无人机

四、无人机的应用

1. 无人机在军事上的应用

目前无人机虽然不是战场上执行空中任务的主力，但也成为不可缺少的重要组成部分。由于无人机是无人驾驶，因而可以把它送到危险的环境执行任务而无须担心人员伤亡。美军认为21世纪的空中主动权将会主要由无人机科技水平的发展决定。无人机隐蔽性高，机身自重相对轻巧，在战争中能达到出其不意的效果，美军计划用预警无人机取代有人驾驶的预警机，使无人机成为21世纪航空侦察的主力。攻击无人机是无人机的一个重要发展方向。由于无人机能预先提前部署，可以在距方位目标较远的距离上摧毁来袭的导弹，从而能够有效地克服反导导弹反应时间长、拦截距离近、拦截成功后的残骸对防卫目标仍有损害的缺点。

2. 无人机在摄影测量中的应用

无人机摄影测量系统属于特殊的航空测绘平台，技术含量高，涉及多个领域且组成比较复杂，加工材料、动力装置、执行机构、姿态传感器、航向和高度传感器、导航定位设备、通信装置以及遥感传感器均需要精心选型和研制开发。国内主要还是利用固定翼无人机系统获取地块边界的数字化影像进行量测计算，将尺度不变特征转换应用于影像的自动相对定向，结合最小二乘法实现影像的自动匹配。无人机摄影测量系统以获取高分辨率空间数据为应用目标，通过3S技术在系统中的集成应用，达到实时对地观测能力和空间数据快速处理能力。无人机摄影测量系统具有运行成本低、执行任务灵活性高等优点，正逐渐成为航空摄影测量系统的有益补充，是空间数据获取的重要工具之一。

五、无人机摄影测量工作流程

无人机摄影测量技术近年来逐步突破了传统航测精度的限制，结合像控技术，已经能够满足1:500、1:1000、1:2000等大比例尺地形图精度要求。使用无人机摄影测量技术大大减少了外业工作量，提高了测绘效率和质量。

无人机摄影测量分为外业（数据采集）和内业（数据处理）两个部分：

无人机摄影测量外业工作主要为像控点的布测、航片拍摄。像控点的布测既要遵循相应的布设原则，又要符合点位位置选择要求；航片拍摄主要包括无人机系统联调、参数设置、航线规划、飞行作业。

无人机摄影测量内业工作主要为：航测数据整理、POS数据整理（PPK解算）、空三加密、交互编辑与平差、三维模型构建DOM/DSM/DEM生成，以及DLG制作。

第二节　无人机摄影测量数据采集

一、像控点布测

像片控制点分三种：像平面控制点（简称平面点），只需联测平面坐标；像片高程控制点（简称高程点），只需联测高程；像片平高控制点（简称平高点），要求平面坐标和高程都应联测。由于GNSS技术的进步，使得RTK的精度逐渐提高，从量测结果来看，RTK技术不仅可以满足像控点的精度要求，而且可以大量节省测量时间，与传统像控点量测方法相比有较大的优越性，实际作业时用 RTK 采集的点全部是平高点。

1. 像控点布点原则

1）像控点一般按航线全区统一布点，可不受图幅单位的限制。

2）布在同一位置的平面点和高程点，应尽量联测成平高点。

3）相邻像对和相邻航线之间的像控点尽量公用。当航线间像片排列交错而不能公用时，必须分别布点。

4）位于自由图边或非连续作业的待测图边的像控点，一律布在图廓线外，确保成图满幅。

5）像控点尽可能在摄影前布设地面标志，以提高刺点精度，增强外业控制点的可取性。

6）点位必须选择像片上的明显目标点，以便于正确地相互转刺和立体观察时辨认点位。

2. 像控点布点位置要求

1）像控点应优先选择在影像清晰、可以准确刺点的目标上布设。多选择在线状地物交点和地物拐角上布设。弧形地物和阴影一般不能选作刺点目标。

2）像控点量测时，可按近景显示像控点位置，远景显示像控点方向与周边环境，多个方向拍摄像控点照片，以便于内业绘图人员判读像控点。

3）在测区范围内有等级道路时，尽量选择道路路面上的交通指示。如地面上前进方向标示的箭头、限速数字尖点与拐点、拐弯箭头、过街斑马线拐角等。

4）测区内有房屋，在选择像控点时，建议优先选择平顶房房角或围墙角，并且最好选择航摄像片上没有阴影的房角，或是房屋北边的房角（原因是受摄影时光照的影响，在立体模型上北边的房角易立体切准）。在选择房屋角时，尽可能选平屋，且四个房屋角清晰，并避免选高楼房角。量测房顶角像控点时，将房角屋顶与地面的比高记录在像控点反面整饰中。

3. 像控点的量测

像控布设需囊括测区并均分分布，携带网络 RTK 功能及 PPK 功能的无人机可根据实际情况减少 50%~80%像控，像控布设以遵循标注清晰、视野开阔、均匀分布、覆盖测区、像控位置固定、像控布设在无高差平面上为原则；以外业无人机能清晰明显拍摄，内业能容易找准为标准。如图 7-7 所示为某航测区域及像控布设。

像控点的量测方法一般采用 RTK 量测，本书不再介绍 RTK 的使用。

二、无人机的操作使用

以大疆精灵 4 为例，介绍无人机摄影测量数据采集过程。

1）检查电池电量。短按一次检查电量。短按一次，再长按两秒即可开启、关闭智能飞行器电池或遥控器。当电池电量充足后即可进行下一步的操作。

无人机作业教学

2）准备遥控器。将遥控器从仪器箱中取出，展开，将天线调整至平行状态，此时信号最好。按下移动设备支架侧边的按键，调整支架，放置移动设备并夹紧。

3）准备飞机。将飞机从箱子中取出，卸下云台卡扣和相机卡扣，安装桨叶。注意将桨

图 7-7　某航测区域及像控布设

帽有黑圈的螺旋桨安装到有黑点的电机桨座上，桨帽有银圈的螺旋桨安装到没有黑点的电机桨座上，安装时使桨帽嵌入桨座并按压到底，沿锁紧方向旋转螺旋桨至无法继续旋转，松手后螺旋桨将被弹起锁紧。安装好的无人机放置在指定区域。

4）准备飞行。短按一次，长按两秒开启遥控器并将遥控器上的档位调整为 P 档。示意队友开启飞行器，并使用数据线连接平板和遥控器。打开平板上的 DJI GO 4 软件（见图 7-8），进入飞控主界面，单击"开始飞行"按钮，查看飞行状态列表是否正常，单击相机参数设置，选择像片比例为 3∶2。单击右上角菜单按钮，选择飞控参数设置，根据任务需要设置返航高度（当飞行器失去控制，触发失控返航之后，或者手动选择智能返航时）和最大限高，并关闭新手模式（新手模式是给新手使用的，在这个模式下，飞行的速度会变得非常慢，并且显示飞行高度和距离都是 30m，这样能保证新手安全操作）。退出 DJI GO 4，并清除后台。

图 7-8　启动 DJI GO 4

5）巡航飞控软件设置。重新插拔连接线，选择巡航软件，单击仅此一次，打开巡航软件 UMap，进入软件主界面，选择系统设置，选择 Google 地图。

6）返回软件主界面，切换卫星地图，重新定位，单击设置参数，根据任务需要设置航线航高、旁向重叠度和航向重叠度。

7）单击规划航带，选取任务范围，可以通过手动拉框旋转等方式，将规定的范围全部包含即可，如图7-9所示。

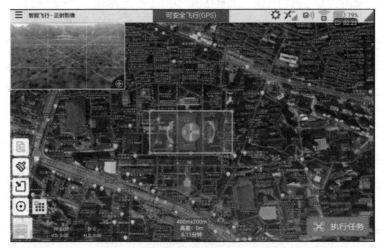

图7-9　规划航带

8）单击软件右下角"执行任务"按钮，进入飞行安全检查界面，如图7-10所示。

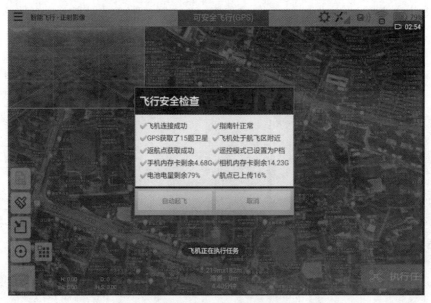

图7-10　飞行安全检查界面

9）安全检查完毕后单击"自动起飞"按钮，无人机升空执行任务，直至返航。在飞行中要注意时刻关注无人机状态。

10）仪器收回。确认无人机安全降落并停止工作后，关闭无人机电源，退出飞控软件，清除后台程序。取出电池、存储卡、拆卸桨叶，安装相机卡扣、云台卡扣，回收电池、遥控器、桨叶等至无人机盒中。

第三节 无人机摄影测量数据处理

一、三维模型建立

1. 准备原始数据

原始数据包括：原始影像、POS 数据、控制点数据。

（1）原始影像

1）每个镜头的影像都单独存在一个文件夹内，方便存储与管理，如图 7-11 所示。

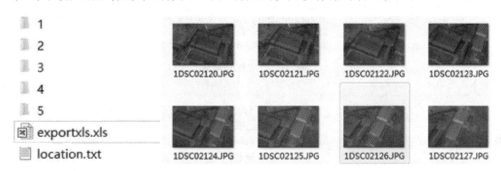

图 7-11 无人机航拍图片

2）每一张照片都有一个单独的名称，按照不同的镜头命名。

（2）POS 数据及区块导入表格的编辑 无人机航拍的照片，在一些情况下照片中是自带 GNSS 数据信息的，而大部分情况则是会导出一组无定位信息的照片和对应的 POS 数据文本。前者我们直接新建区块，把照片直接导入软件运行出结果就可以。对第二种情况而言，即照片和 POS 分开的情况，需要编辑导入区块的表格，将照片的文件路径、参考坐标系、传感器的基本信息等信息嵌入这个表格中，通过它来实现对照片和 POS 信息数据的导入。后面的操作处理与直接导入照片的方法是没有差别的。

POS 数据是以文本文档的形式存在的，在导入区块的过程中，需要导入 Excel 表格，那么，这时需要运用一定的办公软件的技巧将其转换为 Excel 表格，这个表格需要包含 Photogroups、Photos、ControlPoints、Options 四个工作表。

Photogroups 工作表中，名称列需要与照片工作表的 PhotogroupName 一致。

Photos 工作表的编辑结果，如图 7-12 所示。

到此，区块导入的表格编辑完毕。

（3）控制点数据 将控制点整理成 txt 文本格式（用单字符空格隔开），一定要注意 $X\backslash Y\backslash Z$ 的位置不要写反，如图 7-13 所示。

2. 建立三维模型

（1）创建工程

1）打开 Smart3D 软件，输入工程名称和存储路径，这里注意不要勾选创建空区块，因为我们需要直接导入表格来导入区块，示意图如图 7-14 所示。

Name	PhotogroupName	Directory	Longitude	Latitude	Height
DSC00022. JPG	CAM1	D:\tangshan2016104\1	118. 1680337	39. 67518751	98. 04592896
DSC00023. JPG	CAM1	D:\tangshan2016104\1	118. 1677481	39. 67518243	97. 88435364
DSC00024. JPG	CAM1	D:\tangshan2016104\1	118. 1675313	39. 67519272	97. 61286163
DSC00025. JPG	CAM1	D:\tangshan2016104\1	118. 1673125	39. 67519268	97. 62502289
DSC00026. JPG	CAM1	D:\tangshan2016104\1	118. 1670903	39. 6751889	97. 91177368
DSC00027. JPG	CAM1	D:\tangshan2016104\1	118. 1668672	39. 67518531	98. 28064728
DSC00028. JPG	CAM1	D:\tangshan2016104\1	118. 1666466	39. 67518497	98. 02744293
DSC00029. JPG	CAM1	D:\tangshan2016104\1	118. 1664262	39. 675185	98. 14321899
DSC00030. JPG	CAM1	D:\tangshan2016104\1	118. 1662035	39. 6751824	97. 5595932
DSC00031. JPG	CAM1	D:\tangshan2016104\1	118. 1659828	39. 67518303	97. 94287872
DSC00032. JPG	CAM1	D:\tangshan2016104\1	118. 1657595	39. 67518207	97. 79350281
DSC00033. JPG	CAM1	D:\tangshan2016104\1	118. 1655383	39. 67518367	97. 91442871
DSC00034. JPG	CAM1	D:\tangshan2016104\1	118. 1653164	39. 67518475	98. 03634644
DSC00035. JPG	CAM1	D:\tangshan2016104\1	118. 1650822	39. 67535606	98. 38539886
DSC00036. JPG	CAM1	D:\tangshan2016104\1	118. 1653493	39. 67544749	97. 20318604
DSC00037. JPG	CAM1	D:\tangshan2016104\1	118. 1655655	39. 67544409	96. 95838165
DSC00038. JPG	CAM1	D:\tangshan2016104\1	118. 1657777	39. 67544353	97. 25419617

图 7-12　工作表结果

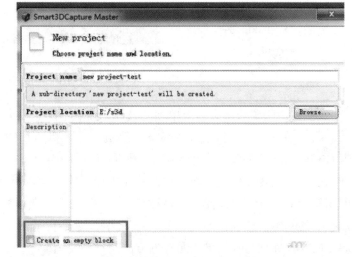

图 7-13　控制点格式　　　　　　　图 7-14　输入工程名称和存储路径

2）导入上述的 Excel 表格。

3）这里要提到前面的表格当中，各个工作表的英文名称务必要正确，结果如图 7-15 所示。

可以看到，一个工作区块被顺利导入，接下来就可以开始处理工作了。

（2）空三处理

1）区块导入后，要对照片组进行检查，查看是否有丢失的情况，检查无误即可接着处理，否则返回照片组重新整理。

2）可以预览照片组的每一张影像且可以打开其路径，空三还没开始前，每张影像的姿态是未知的，3D view 中，每张影像代表一个点，可以看到它们都是按照一定规则排列的，如图 7-16 所示。

3）一切检查工作正常，单击"空三"按钮。

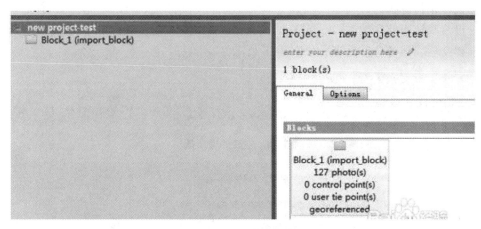

图 7-15 工作表列表

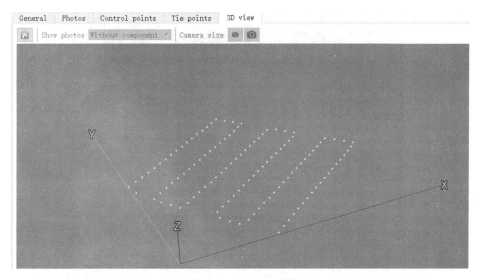

图 7-16 3D view 预览

4）输入空三名称，如图 7-17 所示。

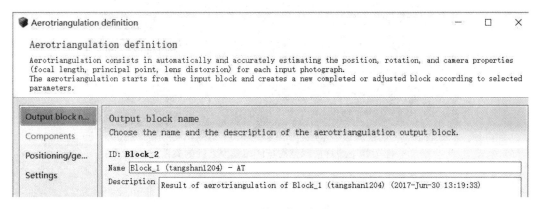

图 7-17 输入空三名称

5）选择定位方式。

6）设置默认当前参数。

7）提交后，准备空三处理，如图 7-18 所示。

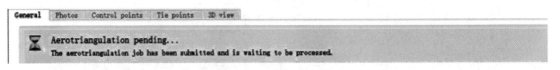

图 7-18　空三处理准备

8）开启 Engine，空三处理开始，如图 7-19 所示。

图 7-19　空三处理开始

9）空三成功后，影像组的照片全部被定位完毕，3D view 中照片摄取范围与区域模型之间的关系图，如图 7-20 所示。

图 7-20　照片摄取范围与区域模型之间的关系图

（3）重建生成模型

1）单击"提交重建"按钮。

2）在 Spatial framework 中调整模型生成区域的大小，如图 7-21 所示。

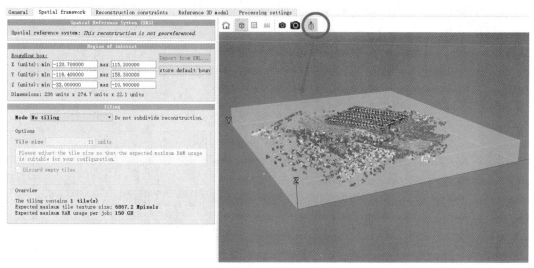

图 7-21 调整模型大小

在 Spatial framework 中，默认是不分块的（No tiling）。

3）一切准备就绪，如图 7-22 所示。

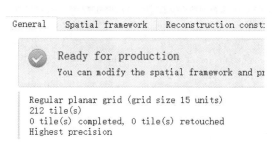

图 7-22 准备就绪

4）提交生成模型。

5）输入模型名称，如图 7-23 所示。

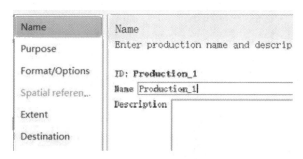

图 7-23 输入模型名称

6）选择模型种类，如图 7-24 所示。

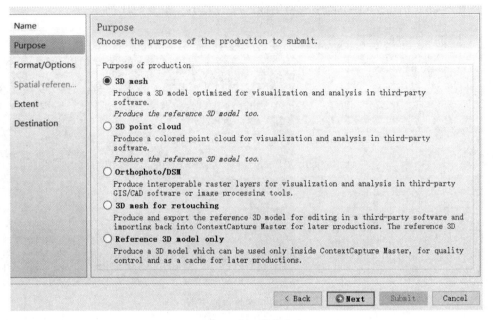

图 7-24　选择模型种类

7）选择生成三维模型的格式，3MX 和 S3C 为 Smart3d 格式，可以直接在 Acute3D Viewer 浏览工具中加载浏览三维模型，如图 7-25 所示。

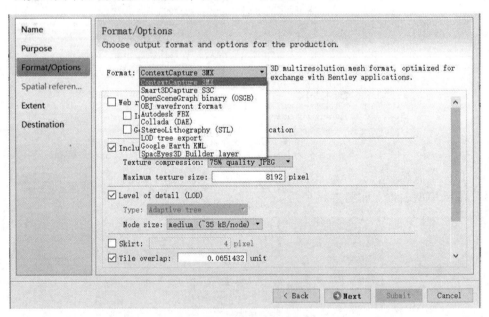

图 7-25　选择模型格式

8）选择全部的区块生成，如图 7-26 所示。

9）指定模型的保存路径，如图 7-27 所示。

到这里参数设置完毕，打开 Engine，开始生成模型。

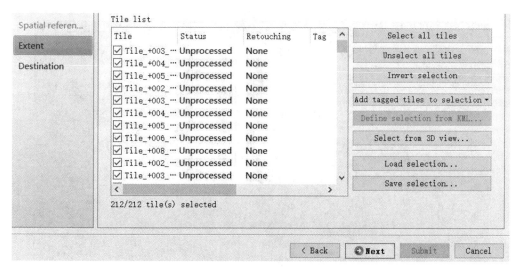

图 7-26　选择全部的区块生成

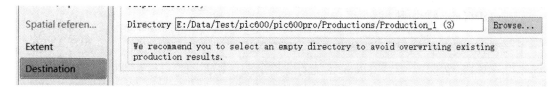

图 7-27　指定保存路径

10）模型生成后可以看到各个瓦片的生成情况，如图 7-28 所示。

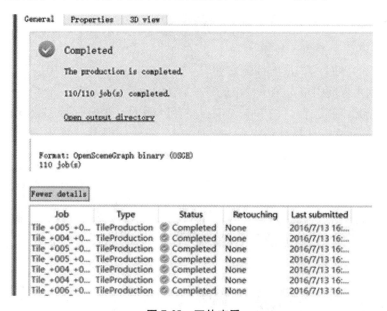

图 7-28　瓦片查看

11）模型建完后，成果在 Acute3D viewer 浏览工具中打开，如图 7-29 所示。

图 7-29　浏览模型

二、DPGrid 软件数据处理

1. 原始影像整理与快拼图的制作

快拼图制作视频

（1）原始影像整理　在 Windows 系统的设备管理中浏览影像，删除起飞及降落时镜头未垂直向下的影像，形成合格的原始影像数据（见图 7-30），将合格的原始影像数据放置于新建的原始数据文件夹中，并进行压缩。

（2）快拼图的制作

1）导入数据。

① 双击打开 DoubleGrid 软件，在弹出的界面中输入账号及密码（训练默认账号：T1～T10；密码：123456），单击"登录"按钮。

② 在登录后的界面，单击 DpGrid 按钮。

③ 在弹出的主界面中单击菜单栏中的"文件"，选择"新建"。

④ 弹出"新建工程"窗口，单击"工程路径"后的"浏览"按钮（见图 7-31），弹出"浏览文件夹"对话框，选择盘符（例如：D 盘），单击"新建文件夹"，按要求命名文件（注意：不能是中文、空格等特殊符号），单击"确定"。

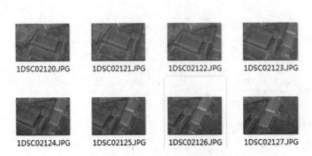

图 7-30　原始影像数据

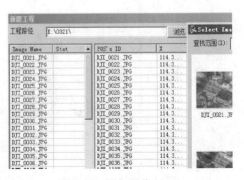

图 7-31　添加影像（一）

⑤ 单击 Image Name 下的"添加影像",弹出 Select Images 对话框,选择航飞获取的原始影像文件夹,将影像数据全部选中,单击"打开"按钮,软件回到新建工程界面。

2）制作快拼图。

① 将"新建工程"界面右下角航高改为实际航飞高度,勾选"去除转弯片""仅做快拼""运行自动转点"复选框,单击 OK 按钮开始处理至完成,如图 7-32 所示。

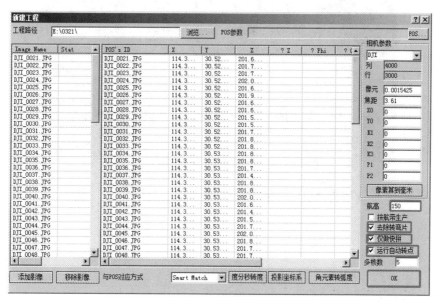

图 7-32　参数选择

② 弹出软件主界面,单击菜单栏中的"常用工具",选择"影像显示",如图 7-33 所示。

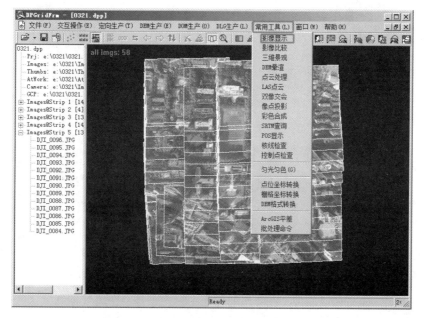

图 7-33　"常用工具"菜单

③ 系统弹出 DPViewer 窗口，单击"文件"，选择"打开"，在弹出的页面选择工程路径 DOM 文件夹下 dpr 格式文件，单击"打开"，显示快拼图，如图 7-34 所示。

图 7-34　快拼图显示

④ 单击 DPViewer 窗口中的"文件"，选择"另存为"。

⑤ 输出文件为 tif 格式，如图 7-35 所示。

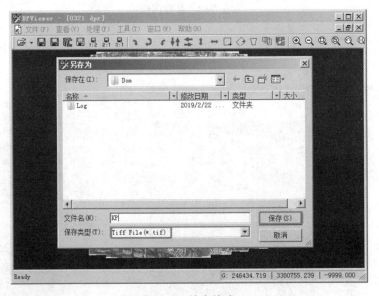

图 7-35　输出格式

2. 内业数据处理

（1）原始影像整理

1）双击打开 DoubleGrid 软件，在弹出的界面中输入账号及密码（训练默认账号：T1~T10；密码：123456），单击"登录"按钮。

2）根据无人机原始影像属性判断无人机 POS 高程记录是否准确，若存在误差即按照如下步骤进行，若无误差即进入第 7）步。

3）在登录后的界面，单击 POS 修正按钮。

4）弹出"影像 POS 高程修改工具"对话框。

5）单击"影像目录"后的"浏览"按钮，在弹出的"选择文件夹"对话框中选择影像数据文件夹，单击"选择文件夹"按钮，如图 7-36 所示。

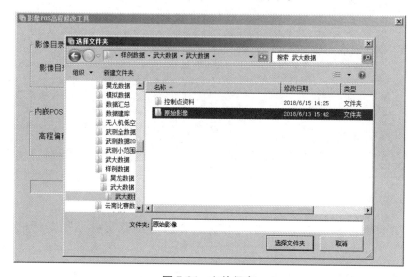

图 7-36　文件保存

6）修改高程偏移量的高程（根据实地的地面平均高计算），单击"批量修改高程"按钮，直至运行完成弹出完成对话框，单击"确定"按钮，如图 7-37 所示。

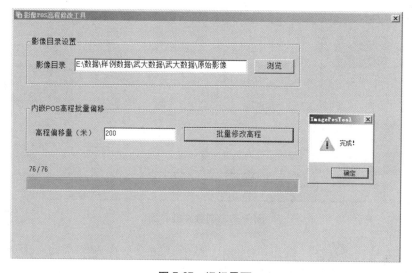

图 7-37　运行界面

7）返回登录界面，单击"DpGrid"按钮。

8）单击菜单栏中的"文件"，选择"新建"，弹出"新建工程"窗口，如图 7-38 所示。

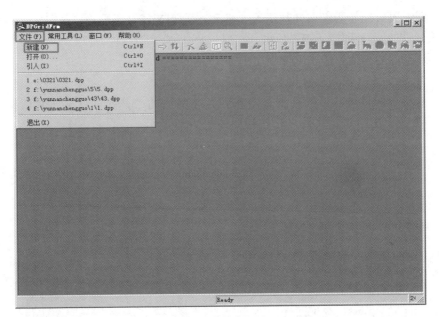

图 7-38　新建工程

9) 单击"工程路径"后的"浏览"按钮,弹出"浏览文件夹"对话框,如图 7-39、图 7-40 所示。

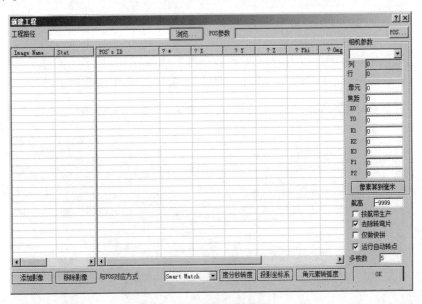

图 7-39　浏览路径界面

10) 鼠标左键选择盘符(例如:D 盘),单击"新建文件夹"按钮,按要求命名文件(注意:不能是中文、空格等特殊符号),单击"确定"按钮,如图 7-40 所示。

11) 单击 Image Name 下的"添加影像"按钮,弹出 Select Images 对话框,选择航飞获取的原始影像文件夹,将影像数据全部选中,单击"打开"按钮(见图 7-41),软件回到新建工程界面。

图 7-40　文件命名

图 7-41　添加影像（二）

12）单击"与 POS 对应方式"后的"投影坐标系"按钮，弹出"椭球坐标系统设置"对话框，根据现场提供的控制点坐标系信息，设置"椭球信息""投影系统""中央经线"，单击"确定"按钮，如图 7-42 所示。

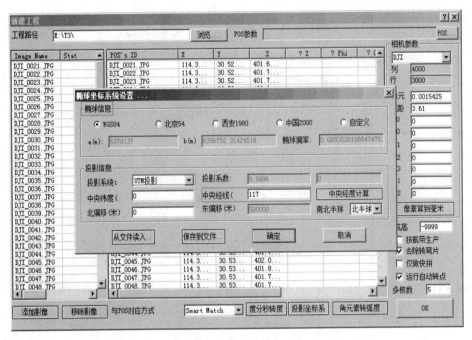

图 7-42　设置椭球坐标系统

13）将"新建工程"对话框右下角航高改为实际航飞高度，勾选"去除转弯片"复选框，单击 OK 开始处理，如图 7-43 所示。

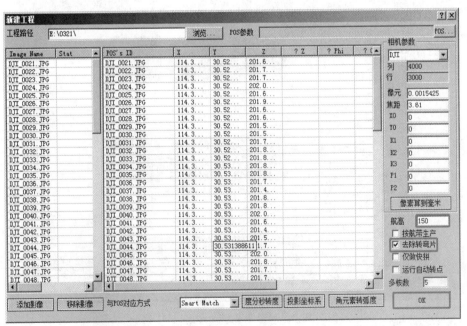

图 7-43　设置航高

空三制作

教学视频 1

（2）空三制作

1）单击菜单栏中的"定向生产"，选择"空中三角测量"下的"匹配连接点"（或单击工具栏中的"匹配连接点"），如图 7-44 所示，弹出 Extract TiePoints 窗口。

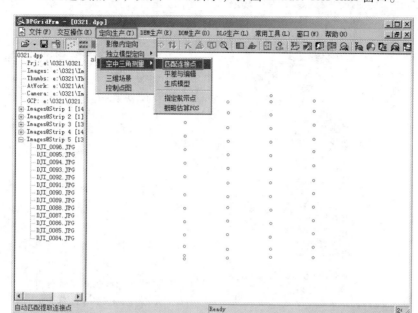

图 7-44　匹配连接点

2）在 Extract TiePoints 窗口中勾选"粗略匹配""精细匹配""自动平差"复选框，其他保持默认，单击"确认"按钮，直至运行完成后自动退出界面，如图 7-45 所示。

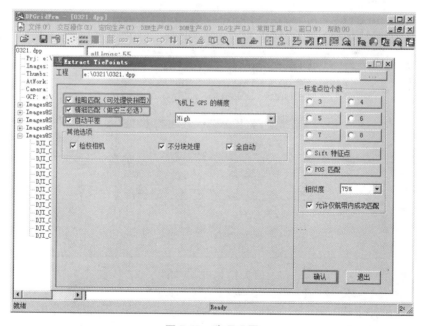

图 7-45　选项设置

3）单击菜单栏中的"文件"，选择"地面控制点"（见图 7-46），弹出"地面控制点参数"窗口。

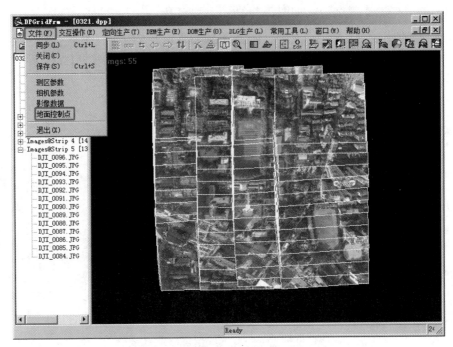

图 7-46 "地面控制点"选项

4）单击"引入"按钮，选择提供的控制点文件，单击"打开"按钮，单击"保存"按钮，如图 7-47 所示。

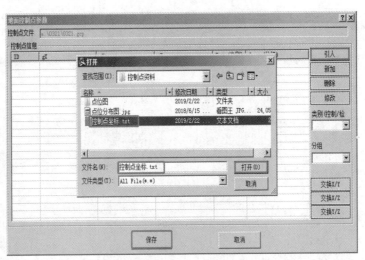

图 7-47 控制点文件

5）单击菜单栏中的"定向生产"，选择"空中三角测量"下的"平差与编辑"（或单击工具栏中的"平差与编辑"），弹出 TMAtEdit 窗口，如图 7-48 所示。

6）单击工具栏中的"匹配加连接点"选项，如图 7-49 所示。

7）根据提供的控制点信息，在图上双击控制点附近位置，弹出精调界面，若不可见控制点点位，可单击菜单中的"像点"，选择"点位再选择"（或单击工具栏中的"点位再选

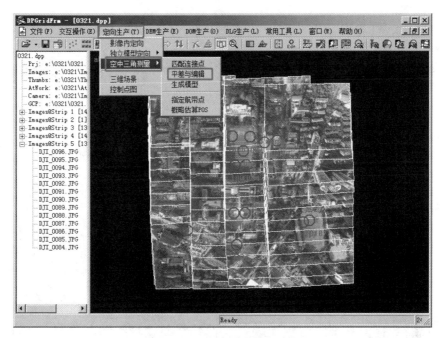

图 7-48 "平差与编辑"选项

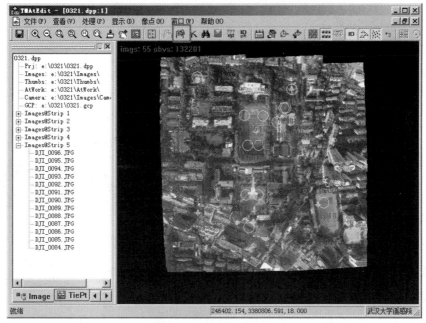

图 7-49 "匹配加连接点"选项

择"),单击"保存"按钮,如图 7-50 所示。

8)精细调整控制点点位(至少添加 5 个控制点),并确认控制点点号及保存,单击菜单栏中的"处理",选择"平差方式"中的"平差软件 iBundle"。

9)单击菜单栏中的"处理",选择"运行平差"(或单击工具栏中的

空三制作
教学视频 2

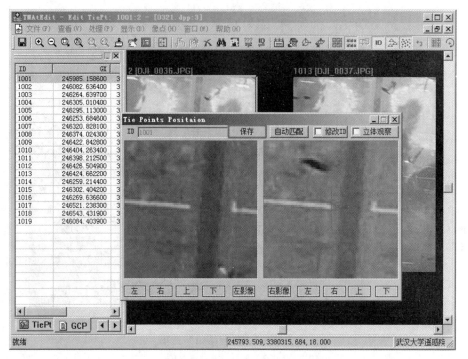

图 7-50　文件保存

"运行平差"），弹出 Adjust Frame Camera V2. 0 窗口，如图 7-51 所示。

10）单击"设置"按钮，弹出 Bundle Adjustment Setup 窗口。

11）修改"控制点精度"和"GPS 精度与参数"中的相应参数，勾选"天线分量""航带漂移""线性漂移""安置分量"复选框，其他保持默认，单击"确定"按钮，如图 7-52 所示。

图 7-51　平差软件界面

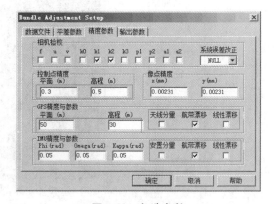

图 7-52　勾选参数

12）单击"平差"按钮，运行完成后单击"退出"按钮。

13）单击菜单栏中的"处理"，选择"平差报告"（或单击工具栏中的"平差报告"），查看精度，如图 7-53 所示。

若控制点精度超限，可返回第 9）步重新调整或添加。

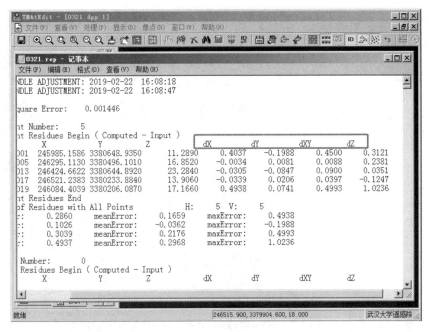

图 7-53 平差报告

14）确认无误后另存该报告，命名为 ks.txt，如图 7-54 所示。

图 7-54 保存文件

15）单击菜单栏中的"处理"，选择"输出方位元素"（或单击工具栏中的"输出方位元素"），如图 7-55 所示。

16）单击"是"按钮（见图 7-56），弹出成功导出平差成果。

17）单击"确定"按钮，关闭"TMAtEdit"窗口。

18）单击菜单栏中的"定向生产"，选择"空中三角测量"下的"生成模型"，弹出

图 7-55 "输出方位元素"选项

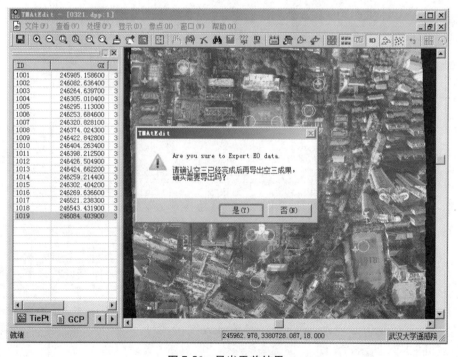

图 7-56 导出平差结果

"立体模型参数"对话框,勾选"航带优先"复选框,单击"自动产生"按钮,单击"确认",如图 7-57 所示。

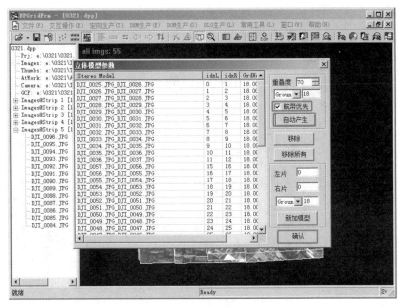

图 7-57　"立体模型参数"对话框

（3）数字高程模型（DEM）

1）单击菜单栏中的"DEM 生产"，选择"密集匹配"（或单击工具栏中的"密集匹
配"），如图 7-58 所示，弹出"DPDemMch"窗口。

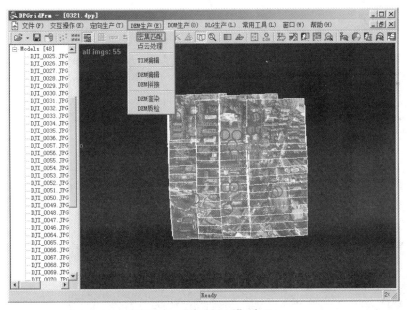

图 7-58　"密集匹配"选项

生成 DEM+DOM
教学视频 1

2）单击菜单栏中的"处理"，选择"匹配整个测区"（见图 7-59），弹出"DEM Matc-
hing"窗口。

3）将 DEM 间隔改为 1，匹配方式改为 ETM 双扩展匹配，单击"OK"按钮，直至运行
完毕后"DEM Matching"窗口自动关闭。

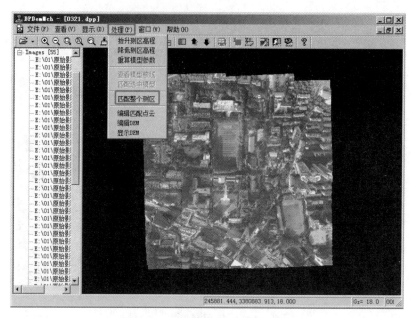

图 7-59　"匹配整个测区"选项

4）单击菜单栏中的"处理"，选择"编辑匹配点云"，弹出"DPFilter"窗口。

5）单击菜单栏中的"处理"，选择"点云生成 DEM"（见图 7-60），弹出"生成 DEM"窗口。

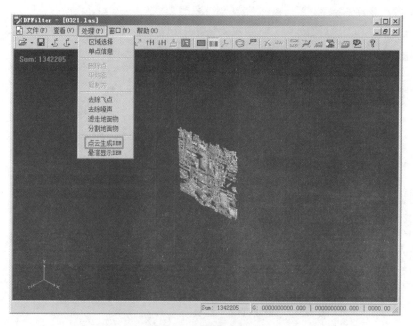

图 7-60　DPFilter 窗口

6）单击 DEM 后的"加载显示"，弹出"另存为"对话框，将文件存放到工程的 Dem 目录下，命名为 DEM，单击"保存"按钮，如图 7-61 所示。

7）将 X 间隔和 Y 间隔改为 1，选择"三角网算法"，勾选"平滑""无效区""滤波"

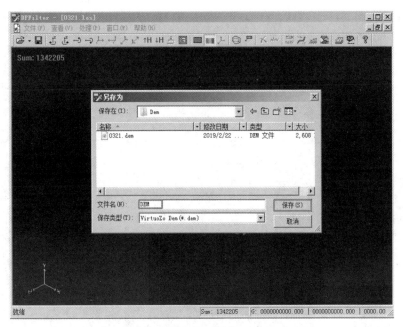

图 7-61　保存

复选框，单击"确定"按钮。

8）在弹出的对话框中选择"否"；关闭 DPFilter 窗口，回到主界面。

9）单击菜单栏中的"DEM 生产"，选择"DEM 编辑"（见图 7-62），弹出"DPDemEdt"
窗口。

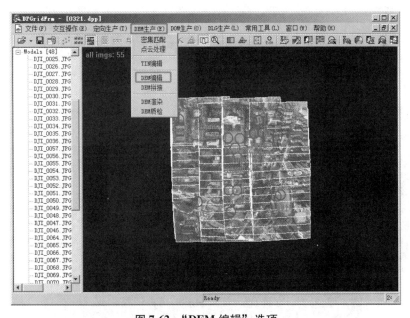

图 7-62　"DEM 编辑"选项

10）在窗口左下角 Stereo Images Pair 列表空白处右击，选择"测区"，
如图 7-63 所示。

生成 DEM+DOM
教学视频 2

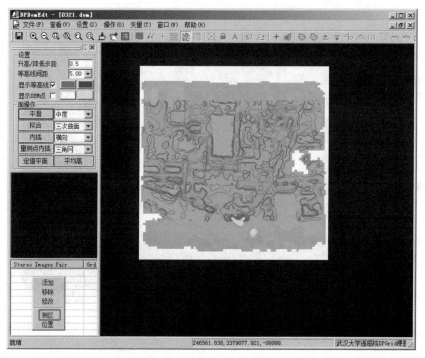

图 7-63　DPDemEdt 窗口

11）在弹出的对话框中，选择工程路径下 dpp 格式文件，单击"打开"按钮（见图 7-64），左下角显示导入的立体像对。

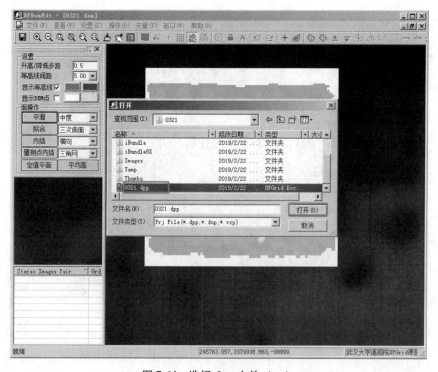

图 7-64　选择 dpp 文件（一）

12）双击一组像对，右边弹出模型和 DEM 窗口（见图 7-65），对 DEM 进行编辑，编辑完成后，单击菜单栏中的"文件"，选择"保存"及"退出"。

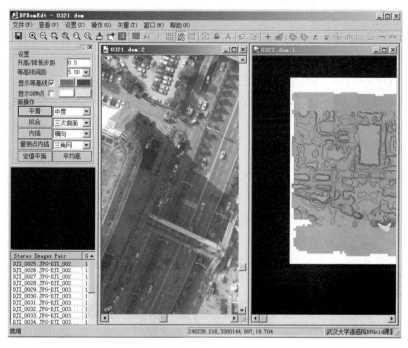

图 7-65　模型和 DEM 窗口

（4）数字正射影像（DOM）

1）单击菜单栏中的"DOM 生产"，选择"正射生产"（见图 7-66），系统弹出"生产正射影像"窗口。

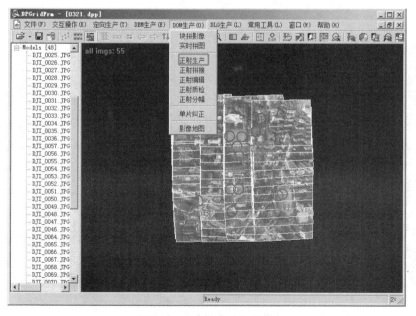

生成 DEM+DOM
教学视频 3

图 7-66　"正射生产"选项

2）修改"正射影像分辨率"为"0.1"，单击"确认"按钮，如图 7-67 所示。

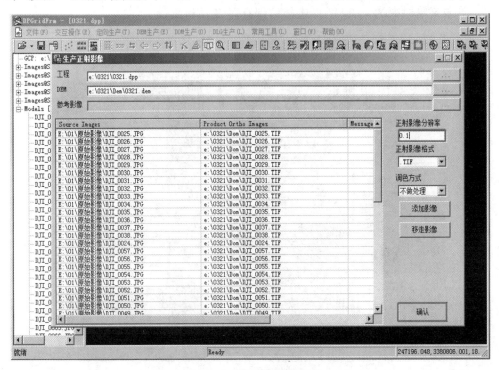

图 7-67　输出正射影像

3）单击菜单栏中的"DOM 生产"，选择"正射拼接"（见图 7-68），系统弹出"DPMzx"窗口。

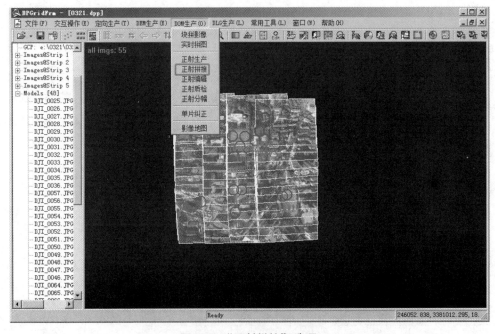

图 7-68　"正射拼接"选项

4）单击菜单栏中的"文件"，选择"新建"，弹出"参数设置"对话框。

5）将文件存放到工程的根目录 Dom 下，命名为 pjyx，单击"打开"按钮，如图 7-69 所示。

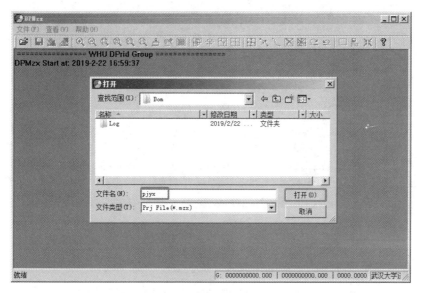

图 7-69 "打开"对话框（一）

6）其他参数默认不变，单击"确认"按钮，如图 7-70 所示。

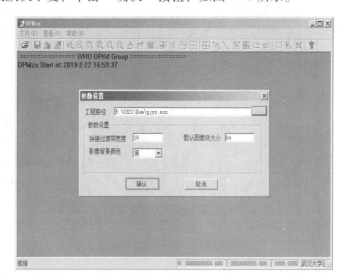

图 7-70 "参数设置"对话框

7）单击菜单栏中的"文件"，选择"添加影像"（或单击工具栏中的"添加影像"），弹出"Select Images"窗口。

8）在"打开"对话框中选择 Dom 文件夹下的所有单片正射影像，单击"打开"按钮。

9）单击菜单栏中的"处理"，选择"生成 拼接线"（或单击工具栏中的"生成拼接线"），生成拼接线，如图 7-71 所示。

图 7-71 生成拼接线

10）单击"编辑 拼接线"，直至任务区完成，如图 7-72 所示。

图 7-72 编辑拼接线

11）单击菜单栏中的"处理"，选择"输出 拼接线"，作为成果进行保存，命名为 PJX。

12）单击菜单栏中的"处理"，选择"拼接 影像"。

13）弹出"另存为"对话框，命名为 DOM，文件的格式设置为 tif，如图 7-73 所示。

（5）数字线划地图（DLG）

1）单击菜单栏中的"DLG 生产"，选择"立体影像测图"（或单击工

生成 DLG+整饰

出版教学视频 1

图 7-73 "另存为"对话框

具栏中的"立体测图"),如图 7-74 所示。

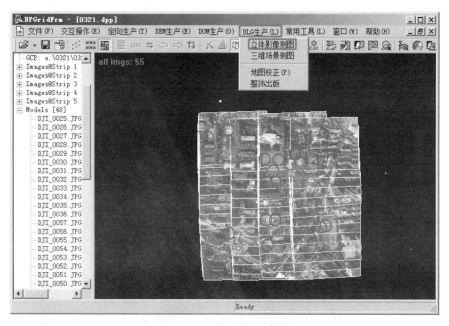

图 7-74 "立体影像测图"选项

2)弹出 DPDraw 窗口。

3)单击菜单栏中的"文件",选择"新建",弹出"图幅参数"对话框。

4)如图 7-75 所示在"图幅参数"对话框中设置"符号比例"为"1:1000","高程点小数位"为"2",将"起点 X""起点 Y""右上 X""右上 Y"按照测图范围进行设置,设置完后单击"保存"按钮,弹出"打开"对话框。

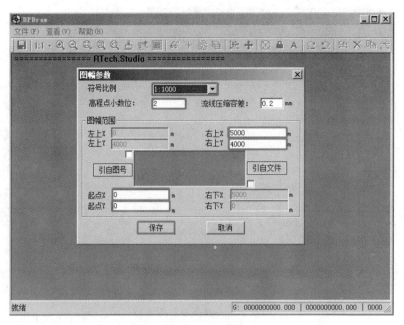

图 7-75　图幅参数

5）将矢量文件保存在工程根目录下，命名为 DPDraw，单击"打开"按钮（见图 7-76），弹出"DPDraw"窗口。

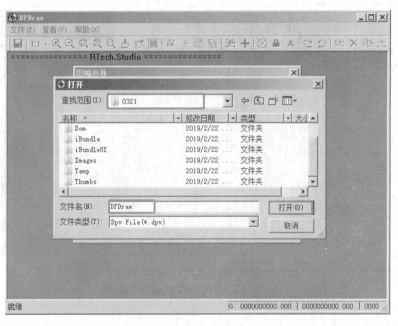

图 7-76　"打开"对话框（二）

6）在 DPDraw 窗口左下角 Stereo Images 列表空白处右击，选择"测区"。

7）在弹出的对话框中，选择工程路径下 dpp 格式文件，单击"打开"按钮（见图 7-77），左下角显示导入的立体像对。

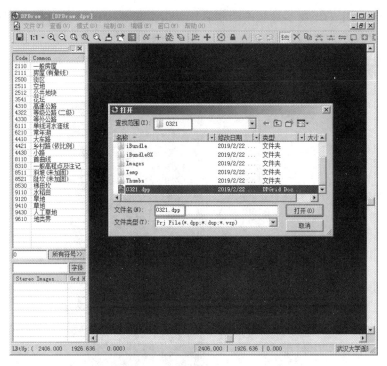

图 7-77　选择 dpp 文件（二）

8）双击一组像对，弹出"DPDraw"对话框，选择"是"（见图 7-78），右边弹出模型和矢量窗口。

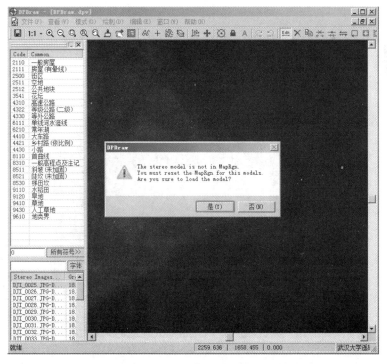

图 7-78　选择像对

9）完成所有规定的地物、地貌的绘制后，单击菜单栏中的"文件"，选择"保存"及"退出"。图 7-79 所示为采集地物地貌。

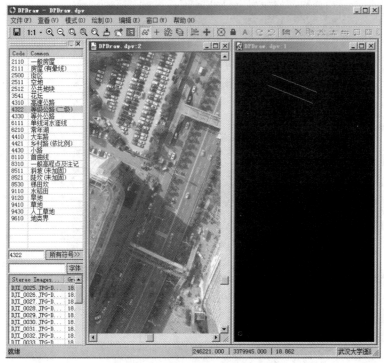

生成 DLG+整饰
出版教学视频 2

图 7-79　采集地物地貌

（6）整饰出版

1）如图 7-80 所示，单击菜单栏中的"DLG 生产"，选择"整饰出版"（或单击工具栏中的"整饰出版"），弹出"DPPlot"窗口。

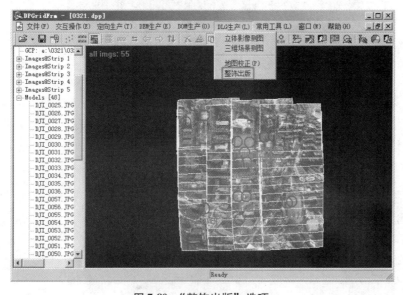

生成 DLG+整饰
出版教学视频 3

图 7-80　"整饰出版"选项

2）单击菜单栏中的"文件"，选择"打开"，弹出"打开"对话框。

3）在弹出的对话框中选择 DLG 生产中保存的 dpv 矢量文件，如图 7-81 所示。

图 7-81　选择文件

4）单击菜单栏中的"设置"，选择"设置图廓参数"，如图 7-82 所示。

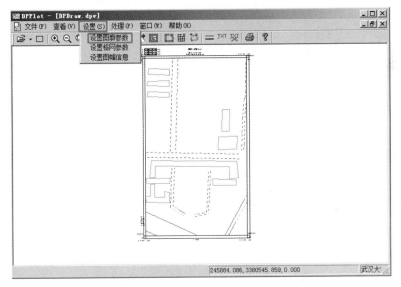

图 7-82　"设置图廓参数"选项

5）图廓参数设置，如图 7-83 所示。

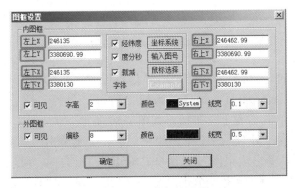

图 7-83　图廓参数设置

6）单击菜单栏中的"设置"，选择"设置格网参数"，如图 7-84 所示。

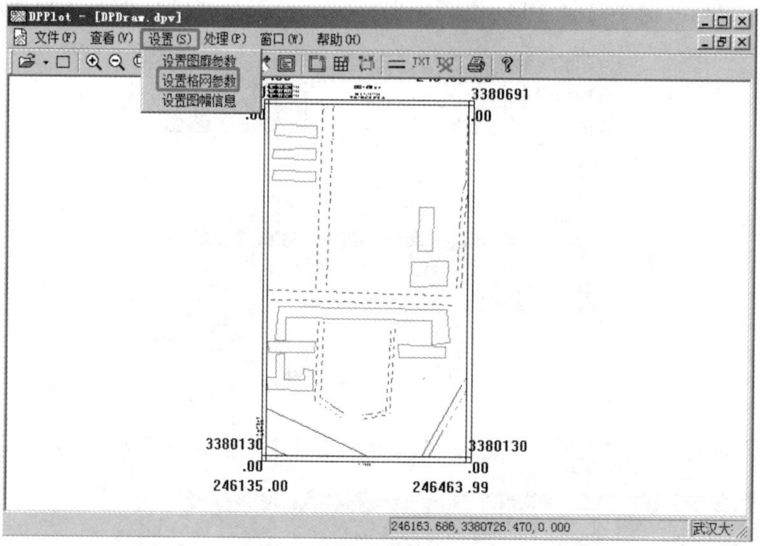

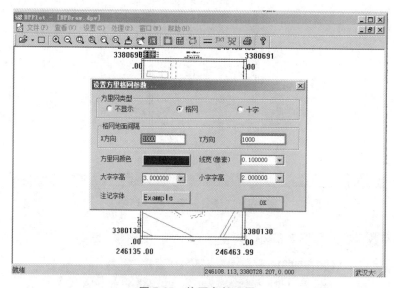

图 7-84 "设置格网参数"选项

7）按照要求对格网进行设置，如图 7-85 所示。

图 7-85 格网参数设置

8）单击菜单栏中的"设置"，选择"图幅信息设置"（或单击工具栏中的"图幅信息设置"），按照要求对图名、图号、地区、版权单位进行设置，核查比例尺数值，不勾选"接合图表"复选框，单击"确定"按钮，如图 7-86 所示。

9）单击菜单栏中的"处理"，选择"输出结果"（或单击工具栏中的"输出结果"），如图 7-87 所示，弹出"输出成果图"对话框，命名为 DLG，文件的格式设置为 jpg，单击"确认"，弹出"DPPlot"对话框，单击"是"按钮，弹出"DP Viewer"窗口查看整饰成果。

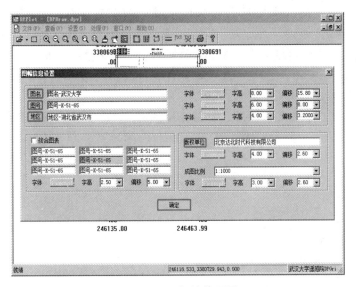

图 7-86　图幅信息设置

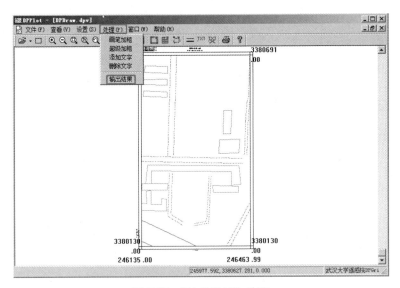

图 7-87　"输出结果"选项

　　无人机是一种机上无人驾驶、由动力驱动、可重复使用，能地面操控也能程控飞行，并搭载任务载荷完成特定任务的航空器系统。经过近 50 年的发展，中国无人机跻身世界一流水平。无人机按飞行平台构型可分为固定翼无人机、多旋翼无人机、无人直升机和伞翼无人机等；无人机按应用领域分为军用无人机和民用无人机；无人机按尺度可分为大型无人机、小型无人机、轻型无人机和微型无人机；无人机按活动半径可分为超近程无人机、近程无人机、短程无人机、中程无人机和远程无人机。应用无人机进行摄影测量工作包括外业和内业两个部分，外业工作主要为像控布设和航片拍摄，内业工作主要为生成 DOM、DEM，制作 DLG。

无人机摄影测量外业工作主要为像控点的布测、航片拍摄。像控点的布测既要遵循相应的布设原则，又要符合点位位置选择要求；航片拍摄主要包括无人机系统联调、参数设置、航线规划、飞行作业。

无人机摄影测量内业工作主要为：航测数据整理、POS 数据整理（PPK 解算）、空三加密、交互编辑与平差、三维模型构建、DOM/DSM/DEM 生成，以及 DLG 制作。

思考和练习

简答题

1. 简述无人机的发展历程。
2. 无人机的主要组成有哪些？
3. 无人机有哪些用途？
4. 简述无人机摄影测量的主要工作流程。
5. 像控点布设的要求有哪些？

参 考 文 献

［1］张剑清，潘励，王树根. 摄影测量学［M］. 武汉：武汉大学出版社，2003.

［2］张祖勋，张剑清. 数字摄影测量学［M］. 武汉：武汉大学出版社，2012.

［3］国家测绘局人事司，国家测绘局职业技能鉴定指导中心. 摄影测量［M］. 北京：测绘出版社，2009.

［4］邹晓军. 摄影测量基础［M］. 2 版. 郑州：黄河水利出版社，2012.